JN121696

大日本農会叢書　10

新たな食用タンパク質の可能性

―開発・利用の現状と課題―

令和5年4月

公益社団法人　大 日 本 農 会

は　じ　め　に

　この叢書は，令和3年9月から4年12月に14回にわたって開催された「食用タンパク質研究会」における議論を踏まえ，食用タンパク質についての現状と課題，今後の発展方向をまとめたものである。

　研究会の発端は，農芸委員の方々に今後の活動について意見をうかがっている中で，畜産物の代替として市場に出回り始めていたいわゆる「大豆ミート食品」を念頭に食用タンパク質の今後の可能性等について勉強してはどうかと提案されたことにある。

　研究会開催に当たって，まず確認したことは，畜産物，畜産業との関係である。SDGs の観点から，畜産物の飼料消費の問題，反芻動物のゲップや糞尿からの温室効果ガス発生の問題が指摘されている。これについては改善されるべきところもあるが，現在台頭してきている食用タンパク質を畜産と対立的なものとして捉えることは，畜産の果たしている大きな役割を無視するものであり，また，新たな食用タンパク質の位置づけをいわゆる「代替ミート」にとどめてしまうことで，その可能性を正確に評価できないことにもつながるものと考える。このことについては，研究会を重ねる中でも認識を深めてきたところである。

　研究会では，現在取り組まれている食用タンパク質の種類ごとの開発状況について確認するとともに，大豆タンパク，昆虫食，培養肉については，それぞれ開発に携わっている専門家の話を踏まえ課題等を確認した。また，新たな食品であることから規制や消費者の受容についても専門家の発表，文献調査を踏まえ意見交換をした。

　食用タンパク質については，すでに実用化しているものからまだ開発途上にあるものまで様々であるが，いずれも活発な取り組みがされており，まさに日進月歩の状態である。

　ほぼ1年かけて研究会を開催してきたが，すでに旧知に属するものもあるのではないか危惧する状況である。そこで，この間の研究会の概要を取りまとめ

るとともに，それを踏まえて今後の展望や課題等を整理し研究会からのメッセージとして，この分野の更なる発展を期することとしたい。

　この間座長を務めていただいた林良博農芸委員長はじめ各委員，そして終始ご協力いただいた農芸委員の方々に心からお礼申し上げる。

　　　令和4年12月

　　　　　　　　　　　　　　　　　公益社団法人　大日本農会

　　　　　　　　　　　　　　　　　　　会長　吉田　岳志

目　　次

1．食用タンパク質研究会の設置と開催状況について

○食用タンパク質研究会の設置

令和3年8月

1）趣旨

　国連によると，2020年に78億人とされている世界の人口は2050年には97億人になる見通しであるという。このような中，世界の食料の需給を見通すと，不安定な要素が多い。アジア・アフリカを中心とした人口の継続的な増加や開発途上国での所得水準の向上等に伴い食用・飼料用の穀物等の需要が，これまでの伸びに比べてゆるやかではあるものの継続して増加すると見込まれている。一方，供給面においては，主に単収の向上によって需要の増加分を補ってきている状況にあるが，それが継続できるかどうかは今後の技術発展等にゆだねるところが大きい。また，気候変動や大規模自然災害，動物疾病の流行等の懸念材料もある。加えて，食料の中でもタンパク質については，SDGsの取り組み推進や動物倫理・福祉に対する関心の高まり，さらには菜食主義者増加等から，これまで畜産物がタンパク質摂取の中心であったものが多様化することが考えられ，すでに我が国でも大豆ミートなどが実用化されている。

　このような状況を踏まえて，現在の食用タンパク質の需要実態，種類ごとの課題等を整理し，今後の見通し等を展望するため，以下の研究会を設置する。

2）研究会の名称

　　食用タンパク質研究会

3）検討の視点

　①　今後の食料需給及び食用タンパク質の多様化の見通し
　　　（世界と日本，年齢層別の食嗜好の実態等を踏まえて）
　②　食用タンパク質の多様化を進める上での課題

—1—

③　食用タンパク質の種類別の現状と課題

４）研究会委員の構成（肩書きは，令和３年８月現在）

座　長　林　　　良　博　　（独）国立科学博物館顧問，農芸委員長

委　員　石　川　伸　一　　宮城大学食産業学群教授
　　　　大　谷　敏　郎　　（公財）日本植物調節剤研究会理事長，
　　　　　　　　　　　　　農芸委員
　　　　春　見　隆　文　　元日本大学教授，農芸委員
　　　　佐　本　将　彦　　茨城大学客員教授，不二製油グループ本社（株）
　　　　　　　　　　　　　未来創造研究所
　　なお，以下の農芸委員がオブザーバーとして議論に加わった。
　　　　古　在　豊　樹　　千葉大学名誉教授
　　　　腰　岡　政　二　　（一財）日本花普及センター理事
　　　　西　藤　久　三　　元農林水産省食料産業局長
　　　　諸　岡　慶　昇　　高知大学名誉教授

５）食用タンパク質研究会の開催状況

　　第１回　令和３年９月６日　顔合わせ，食用タンパク質を巡る状況，研究会
　　　　　　　　　　　　　　　の進め方
　　第２回　令和３年11月４日　「大豆ミートおよび大豆利用における現状と課
　　　　　　　　　　　　　　　題（展望）」
　　　　　　　　　　　　　　　佐本将彦委員
　　第３回　令和３年12月２日　「代替タンパク資源としての国産大豆利用の可
　　　　　　　　　　　　　　　能性について―研究開発の立場から―」
　　　　　　　　　　　　　　　羽鹿牧太　農研機構東北農業研究センター所長
　　　　　　　　　　　　　　　（当時）
　　第４回　令和４年１月27日　大豆に関する議論の整理等

第5回　令和4年2月24日　「代替タンパク質の技術開発動向と未来─次世代タンパク質の姿とは─」
　　　　　　　　　　　　佐藤佳寿子　(株)三井物産戦略研究所シニアプロジェクトリーダー（当時）
第6回　令和4年3月23日　「食品ロスを循環させる新たなタンパク源としての「食用コオロギ」」
　　　　　　　　　　　　渡邉崇人　徳島大学バイオイノベーション研究所助教（当時）
第7回　令和4年4月18日　「食肉3.0　代替タンパク質としての培養肉の可能性と課題について」
　　　　　　　　　　　　竹内昌治　東京大学大学院情報理工学系研究科教授
第8回　令和4年5月17日　「おいしい食感のデザイン法─ターゲットとした「動物性食品らしいおいしい食感」をどのようにプラントベースフード（plant-based food）で実現するか？─」
　　　　　　　　　　　　中村卓　明治大学農学部農芸化学科教授
第9回　令和4年6月13日　これまでの議論のポイントと中間とりまとめ
第10回　令和4年7月21日　「消費者の新食品の受容とリスク認識」
　　　　　　　　　　　　和田有史　立命館大学食マネジメント学部認知デザイン研究室教授
第11回　令和4年9月15日　これまでの議論のポイントととりまとめの方向
第12回　令和4年10月12日　これまでの議論のポイントととりまとめの方向
第13回　令和4年11月11日　「新規タンパク質食品の受容について」
　　　　　　　　　　　　石川伸一委員
第14回　令和4年12月7日　これまでの議論の取りまとめ

2. 座長解題

　令和4年12月
食用タンパク質研究会
座長　林　良博

　公益社団法人大日本農会においては，今後の世界人口の増加などによる食料
需給の不安定化や気候変動，動物福祉，肥満防止など環境面，社会面，健康面
からの諸要因により，現在，畜産物に大きく依存している食用タンパク質をめ
ぐる状況に変化が生じつつあることから，現在の食用タンパク質の需要実態，
種類ごとの課題等を整理し，今後の見通し等を展望するため，食用タンパク質
研究会を設置，検討を行ってきた。

　この度，ひとまず本研究会における検討の一区切りを迎えるに当たって，議
論となった点の中から，主なものについて解説する。

（畜産との共存）

　この研究会の立ち上げに当たり，我が国においては，現在のところ欧米ほど
には環境保全面からの畜産への懸念や菜食主義，ヴィーガン運動は高まってい
ないこと，食肉，乳製品を含めた現在の我が国の食生活は，健康面からもむし
ろバランスが取れているものとして評価されていることから，いたずらに畜産
関係者に無用な不安感を与えることなく，我が国の畜産と共存する形での議論
を進めることが重要とされた。

　その一方で，研究会が招へいした専門家の多くは，やはり今後の水，土地面
での制約，感染症の問題，動物質の摂りすぎによる健康問題などを指摘し，代
替食用タンパク質の早期開発，導入の必要性を訴えた。

　また，研究会開催期間中にもロシアによるウクライナ侵攻や世界的インフレ
などによる，輸入飼料価格の高騰が続いている。

　こうしたことからも，我が国畜産においては，以前にも増して自給飼料の拡

大，耕畜連携などの努力をすることにより，国内生産基盤を強化し，食料の安定供給に貢献していくことが必要と考えられる。

（大豆）

　大豆は基本的に油糧原料であり，その搾りかすは主として飼料として使われており，諸外国においては，大豆を直接人が摂取することは少ない。これに対して我が国においては，煮豆，枝豆，豆腐，納豆，味噌，醤油など伝統的に大豆及び大豆加工食品を摂取する長い食経験がある。このため，大豆タンパク質食品に対して抵抗感は諸外国に比べて小さく，現時点では，他の食用タンパク質に比べて優位性がある。ただし，それは培養肉などの生産効率や味が向上していくに伴い大きく状況が変化する可能性もある。

　大豆由来のタンパク質食品の味，食感を肉や乳製品に近づける技術は飛躍的に向上してきているが，その一方で，我が国で大豆タンパク質食品の開発に使用されているのは，脱脂大豆が主となっている。脱脂大豆の原料は油糧用に開発された大豆品種であり，原料のタンパク質構成に改善の余地が大きい。今後の需要見通しと合わせて，タンパク質に着目した品種の開発が望まれる。

　なお，我が国の大豆の需給状況は，需要量が350万トンで内訳は油糧用240万トン，食用100万トン，その他（飼料，種子等）となっており，このうち食用の需要に対して国産大豆でまかなえているのは21〜24万トンに過ぎない。豆腐，納豆，味噌などの実需者からは国産使用量の増加を見込む声が強く，新たな需要に対応する余力がないのが実情。

　食料・農業・農村基本計画では令和21年度の生産努力目標を34万トンとしており，現状より13万トンの増加を作付面積2万ha増（15万ha→17万ha），単収33kg/10a増（167kg→200kg）で達成することとなっているが，これが実現しても国内の食用需要の1/3程度。

　比較的単収も高く生産が安定している北海道に比して，都府県で大豆生産が低迷している要因としては，地力の低下，天候不順，大規模化に伴う管理作業の不徹底等に加えて，品種の更新が遅いことも指摘されている。

これまで，日本の大豆については，粒の外観にかなり固執した品種改良を進めてきたことから，遺伝的な多様性に乏しいという弱点があった。これを踏まえ，海外の遺伝資源を取り入れて単収500kg/10a を目指せるような育種素材もできてきており，我が国もタンパク質利用を目的とした大豆の育種，開発に貢献できるのではないか。

　諸外国では，最近，タンパク質に着目した大豆育種がカナダ，中国などで進んでいるといわれている。

　国産大豆の需給状況を踏まえると，知的財産権の保全に留意しつつ海外との共同研究で，国内の需要に対応した品種の開発，海外での契約栽培等についても検討する価値があるのではないか。

（培養肉）

　毎日，培養肉に関する新規開発，投資などの報道のない日が珍しいぐらい，メディアの関心も高い状況。

　我が国においても，盛んに研究開発が行われているが，遺伝子組換え技術に関して厳しい制約があることから，欧米に比べて，遺伝子組換え技術を用いない形での設計開発を行わざるを得ず，開発サイドにとってハードルが高い状況。

　さらに，欧米で台頭している厳しい動物福祉の考え方からすると，培養の元となる細胞も動物から採取するのは問題とする考えもあるが，培養肉製造にあたってどこまでを非動物原料とする必要があるかについては，明確な基準がない状況。

　今後，食経験のない新食品としての食品衛生法に基づく安全性基準の設定などが行われることとなろうが，開発サイドとしては，HACCP を導入するにせよ，他国に比べて厳しすぎることにならないよう，合理的な議論を望んでいる状況。

　また，開発の焦点は，大量培養のコストを下げるための安価な成長因子の開発といかに既存の肉に近い味，食感を作り出すかの２点となっており，激しい競争が行われている。

　この中で，味，食感を従来の肉に近づけるためには，新たなエネルギーの投入が必要となり，環境負荷を下げるという本来の趣旨に合わなくなることも考えられる。

主に米国，オランダ，イスラエルで先端的なスタートアップが設立されているが，培養肉の本格的な販売がいち早く許可されたシンガポールで各社は製造，販売を行いつつある。

　発酵その他培養肉に関連する技術に独特な伝統をもつ我が国としても，このような世界の流れに取り残されることなく，新興スタートアップなどへの有効な支援策を講じていく必要がある。

　また，我が国の地域に根差す日本酒，味噌，醤油などの発酵製造技術が培養肉の開発に貢献していく余地がないか検討することも有益と考えられる。

（昆虫食）

　我が国における昆虫食の文献上の記録は平安時代に遡るほど，伝統的に昆虫は食されてきた。大正7年に農商務省農事試験場が道府県試験場を通じて行った調査では，全国で55種の昆虫類が食されていた。

　第二次世界大戦後の食料不足の時代には，イナゴなどは貴重なタンパク質源として流通したが，食料事情が改善するとともに，下火となり，現在では，イナゴ，ハチノコ，ザザムシなどは珍味として珍重されているが，昆虫食に対する忌避感も根強い状況。

　我が国における伝統的な昆虫食は，水産物の入手が難しい内陸で盛んであったが，これは有用なタンパク質源として活用するとともに，イナゴの大発生を予防するためや，山に入るときのハチに刺される被害を少なくするための防除的な手立てでもあったとも考えられている。

　最近の食用コオロギの開発などは，このような伝統的な昆虫食とは異なり，代替タンパク質としての価値と食品廃棄物の減量化などの環境的価値を付加することでビジネス化を図ろうとしている。

　欧州食品安全機関（EFSA）は，代替タンパク質食品を含む新食品のリスク評価ガイドラインを整備し，ミールワームの一種を食品として認めるなど，食材としての昆虫を評価してきており，欧州市場に向けた昆虫を原料とした食品開発が進んできている。

我が国において代替タンパク質として昆虫を活用していくためには，昆虫食に対する忌避感をなくしていくため，積極的に教育，コミュニケーションを展開していくことが必要ではないか。

（代替乳）

　アーモンドミルク，ライスミルク，オーツミルク，ナッツミルク，豆乳などの植物由来の代替乳製品はその目的が主としてタンパク質代替を狙ったものではないものの，今後，タンパク質代替の観点からの開発利用も期待される。

　一方，培養系の開発は，母乳アレルギーなど母乳が使えない場合の代替品開発などが主であり，現在安価で流通している牛乳の代替としてはコスト面での制約が大きい。

（藻類）

　藻類の中で特に微細藻類は光合成効率が高いことから，タンパク質源としても期待されているが，国内では，タンパク質代替というよりは健康食品としての生産流通が主となっている。

　現在，主として緯度の低い国・地域において，微細藻類の大量培養，タンパク質の精製の取り組みが進んでいる。

（消費者の受容）

　代替タンパク質食品を含めた新食品に対しては，人は知識の有無のみでなく，事実よりもむしろ認識に基づいて行動し，確率的な思考より直感の方を信じることから，明らかになっている科学的合理性とは往々にして異なる志向，受容性が示されることが多い。

　代替タンパク質食品の普及のためには，こうした認知の特性を踏まえた情報デザインが必要。

　このため，一部の開発者は消費者志向・受容性の研究とタイアップして研究開発を進めている。

首都圏と京阪神圏の消費者1,800名を対象とした消費者調査（公益財団法人
日本食肉消費総合センター令和３年度「食肉に関する意識調査」報告書）によ
れば，「植物肉」の認知度は「細胞培養肉」より高かった。

　一方，欧米においては，代替肉関連の文献・論文では，過半は培養肉を対象
にしたものが多い状況。

　他方，2021年１～３月に日本，米国，中国，ドイツなど８か国の消費者を対
象に行った「各国における食肉代替食品の消費動向」（河村侑紀　畜産の情報
2021年６月号）によると，食肉代替食品（植物由来）の認知度は，ドイツで74％，
米国73％，中国69％が「よく知っている」または「知っている」と回答したの
に対し，我が国は49％と最も低く，「知らない」の割合が８か国で最も高かった。

　我が国消費者の感覚としては，環境保全，動物福祉，健康志向などによる代
替タンパク質食品についての関心は他国と比べて高まってはいないが，長い食
経験のある大豆由来の新食品に対しては，諸外国に比べて別段の忌避感はない
と考えられ，我が国における今後の代替タンパク質食品の開発，マーケティン
グ，コミュニケーションのポイントの一つとなるのではないか。

　代替タンパク質食品がすんなりと大半の人に受け入れられるためにはどうす
べきか，あるいは，人が受容するためのポイントについて，我が国の食文化の
伝統や変遷を踏まえながら，消費者を含めた社会全体へのメリットを伝えるな
どSNSを通じた双方向のコミュニケーションなどさらなる手法の検討が必要。

（代替タンパク質に関する国際議論）

　食経験のない代替タンパク質についての規制の在り方については，コーデッ
クス委員会，WHO，FAOなどにおいて，海藻，微細藻類，食用昆虫，細胞培
養食品，植物ベースの代替タンパク質，3Dプリント食品について検討が始まっ
ている。

・欧州食品安全機関（EFSA）においては，1997年５月以前に食されていないも
　のに対して新食品（Novel Foods）として定義し，ガイドラインに基づくリス
　ク評価を実施。2022年４月までに14件の申請を受理し，このうち５件につい

て評価結果を公表。

・シンガポールにおいては，2020年12月，培養生産されたチキンナゲットの販売が許可され，世界最初の培養肉などの代替タンパク質食品の製造，販売の許可国となった。これに伴い，各国関係企業がシンガポールにおいて試験的な市販を開始している。

・国内においては，フードテック官民協議会にて，他の諸課題とともにルール作りについても検討されている。

厚生労働省担当官によれば，食経験のある大豆からつくる食品については，基本的に新たな措置は必要なく，食経験のない培養肉などについては食品衛生法に基づく新たな基準が必要になるのではないかとのことであった。

農林水産省担当官によれば，こうした国際議論を注視しつつ，フードテック官民協議会において議論を収斂中である。

・食品安全委員会においては，諸外国における新規食品の安全性評価手法等に関する調査を行うとともに，細胞培養技術を用いて製造される食品のリスク評価手法に関する研究を行っている。

（終わりに）

食用タンパク質研究会を2021年9月に設置して以来，関係の専門家を招聘して代替食用タンパク質について検討してきたが，その間もこの分野の内外における技術開発，投資，安全性等のルールについて，新しい情報に次々に接することとなり，新しいと思われた知見がたちまち旧聞に属するように感じられたことが多々あった。

特に，ウクライナでの戦争に起因する食料安全保障や肥料，飼料などの生産資材の安定確保の問題の高まりは，代替食用タンパク質の議論にも大きな影響を与えている。

豊かな食文化を持つ日本社会が，今後，直面するかもしれない食の激変に対して軟着陸できるようにするため，代替食用タンパク質食品の開発，利用も進んでいくよう関係者の幅広い意見交換が望まれる。

3．議論のポイント

(1)　共通

(2)　大豆タンパク質

(3)　昆虫食（コオロギ）

(4)　培養肉

(5)　代替乳

(6)　藻類

(7)　微生物

(8)　消費者の志向

(1)　**共通**

①　**現状**

・人口増加によるタンパク質不足，畜産の大きな環境負荷（資源効率，温室効果ガス（GHG）など），感染症など畜産の安全性懸念，動物福祉（食品ロス（世界中で7,500万頭の牛が利用されず廃棄されている計算）を含む）の観点から，環境保全，動物福祉を重視する比較的富裕な層を中心に，食用タンパク質源を変更していく必要があるとの認識が行き渡りつつある。

・2015年ごろから，ベンチャー，スタートアップが巨額の資金調達をしている。

・味，食感を肉に近づけることに研究技術開発が集中している。

・大幅なコスト低減が必要である。

②　**利用の展望**

・20年後には，4兆円から69兆円まで種々の市場規模予測がある。

・最近顕在化している，食料の長期安定確保の重要性はもとより，環境保全，動物福祉上の意義を適切に伝えることができれば，これから開発される様々な他の新食品より受容性が高まる可能性がある。

③ 残された課題

・代替タンパク質食品に対する消費者の受容性については，単に食料の安定確保や環境保全上の意義のみを説くのではなく，我が国食文化の伝統や新しい潮流を踏まえ，健康面でのメリットなど消費者の利益となることなども絡めてSNSなどを通じた双方向のコミュニケーションを図るなど，丁寧なコミュニケーションを地道に実施していき，その向上を目指すことが重要である。

・味，食感を肉に近づけようとすると，原材料加工等のエネルギー消費が大きくなり，LCAが悪化する可能性があることに注意する必要がある。

・食経験のない代替タンパク質についての規制の在り方

・コーデックス委員会，WHO，FAOにおいて，新たな食料源と生産システムとして，海藻，微細藻類，食用昆虫，細胞培養食品，植物ベースの代替タンパク質，3Dプリント食品について検討が始まっている。

・欧州食品安全機関（EFSA）においては，1997年5月以前に食されていないものに対して新食品（Novel Foods）として定義し，ガイドラインに基づくリスク評価を実施。2022年4月までに昆虫由来の食品としては14件の申請を受理し，このうち5件について評価結果を公表。

・シンガポールにおいては，培養肉などの代替タンパク質食品の製造，販売が許可され，各国関係企業の試験的な市販が開始されている。

（厚生労働省担当官）食経験のある大豆からつくる食品については，基本的に新たな措置は必要ないのではないか。食経験のない培養肉などについては食品衛生法に基づく新たな基準が必要になるのではないか。

（農林水産省担当官）国際議論を注視しつつ，フードテック官民協議会において他の諸課題とともにルール作りについても検討中。

・食品安全委員会においては，諸外国における新規食品の安全性評価手法等に関する調査を行うとともに，細胞培養技術を用いて製造される食品のリスク評価手法に関する研究を行っている。

④　委員の意見
・官民が協力した試験研究，技術開発の推進
・食用タンパク質コミュニケーションの推進
・無理に肉の味に近づけることなく新食品としての開発を促進すべきではないか。

⑵　大豆タンパク質
①　現状
　世界の大豆生産３億トン／年（日本20〜24万トン／年）。90％以上が大豆油への加工用に使われ，残りの脱脂大豆の殆どは飼料利用されている（日本の搾油用大豆輸入は250万トン／年）。

　国産大豆の殆どは伝統食品（豆腐，納豆，味噌，醤油，豆乳など）の生産に利用（輸入大豆を含めると伝統食品全体で100万トン／年の利用）。

　元々，脱脂大豆は，食品製造業では醤油原料の他ハンバーグなどの増量，増粘剤として使われていた。

　現在，脱脂大豆のうち６〜７万トン／年の分離大豆タンパク質（SPI），粒状物性タンパク質（TVP）が国内で食品原料化されている。

　SPI，TVP を利用した新食品は大豆由来ミートのみならず，乳，卵代替製品が次々と開発，上市されている。

　大豆単収は，世界の主要生産国では300kg／10a，我が国では150kg／10a である。

　我が国における大豆タンパク質摂取量は，６〜７ｇ／日（豆類摂取目標の１／２）。

　米国農務省の「アメリカ人の食事ガイドライン　2020-2025」によれば，19〜59歳の１日当たり摂取熱量2,000キロカロリーの者を対象にした，食品カテゴリ別の望ましい摂取量は「大豆加工品，ナッツ類，種子類」カテゴリで５オンス相当量／週，0.71オンス相当量／日である。米国農務省が示すプロテインフーズのカテゴリにおける１オンス相当量とは，卵１個に含まれるタンパク

質量であるとされ，8.5g 程度と推察される。この8.5g を採用した場合，「大豆加工品，ナッツ類，種子類」カテゴリの望ましいタンパク質の摂取量は 6 g ／日となる。

現在の（海外の）大豆品種は主として油糧種子としての性能，収量を追求して育種されたものであり，タンパク質利用を目的として育種されたものは非常に少ない状況。

② 利用の展望

アミノ酸スコアなど栄養成分が動物性の肉に近いが，脂肪分が少ないなど食肉より健康的で有望。また，我が国には豆腐，納豆，味噌，醤油など大豆タンパク質を摂取する伝統的食経験があり，消費者の受容性も高いと考えられる。一方で，海外では大豆をあまり食べてこなかったという食文化の違いがあるので，海外展開する場合にはその点を踏まえることも重要。

さらに，今後開発が進み培養肉などの生産効率や味が向上したときに，需要がどのように変化するか注意が必要。

脱脂大豆を飼料として家畜に給与して，肉や乳を生産するより，環境保全，資源節約の観点から効率的。

大豆油の副産物である脱脂大豆を主要原料とする限り，大豆ミートの供給は大豆油の生産量に左右され，不安定なのではないか（現在のところ脱脂大豆の需給に大きな問題は起きてない）。

もっぱら輸入の均質な脱脂大豆を原料とする醤油で，最近になって国産の丸大豆を使って差別化した商品が出てきているが，大豆ミートについても同様のことは考えられる。

米国においては，コロナ禍で一時的に食肉の供給に停滞が生じた際に，大豆など植物由来肉の消費が増加した。

エクストルーダ等による疑似肉製造における組織化の際のように，加工適性を左右するゲル破断強度を強化するためにはグロブリン含有量の高い大豆を必要とするなど，食品加工に適するタンパク分画をもった大豆の育種開発が望ま

れる。

　大豆利用食品を普及するためには，機能性成分や産地イメージなど食品としての付加価値を高められる大豆の育種開発が望まれる。

　中国，カナダ，イタリアなどでは，タンパク質利用大豆の育種に熱心に取り組んでいるという情報がある。

　日本の大豆については，粒の外観にかなり固執した品種改良を進めてきたことから，遺伝的な多様性に乏しいという弱点があった。海外の遺伝資源を取り入れて単収500kg/10a を目指せるような育種素材もできてきており，我が国もタンパク質利用を目的とした大豆の育種，開発に貢献できるのではないか。

③　残された課題

　主要生産国では年率１％以上単収が増加しているが，我が国の単収は1990年代から伸びていない。

　内外価格差（主要生産国5,000～8,000円／60キロ　日本20,000円／60キロ）の問題。

④　委員の意見

　大豆タンパク質の摂取目標の明確化とその達成方策の策定

　食品加工に適するタンパク分画をもった大豆，機能性成分を多く含有する大豆などタンパク質に着目した大豆育種の強化

　中国，カナダ等とタンパク質に着目した大豆育種共同研究

　食品製造会社との契約による安定的な大豆栽培

(3)　昆虫食（コオロギ）

①　現状

　我が国を含め世界100か国以上で伝統的な食経験あり。

　「気候変動や人口増加による食料危機の解決策として昆虫食が有力」とした2013年の FAO 報告書の見通しが実現しつつある。

SDGs などを機に昆虫の大量養殖・加工技術開発が進展中

欧米では飼料原料用を中心に大企業化が進展。

欧州食品安全機関（EFSA）が一部の昆虫（モールワームなど）を食品として認めた。

国内では，食用パウダーを中心に2018年から年率40％で成長中。

② 利用の展望

2030年には8,000億円の市場に成長する（年率40％成長）予測がある。

食品ロスを減らしたい企業の昆虫への関心が高まっている。

③ 残された課題

昆虫食という語からくる忌避感の払拭

共食いを減らすための品種改良，飼養改善

食品残渣飼料の飼養効率の向上

認証制度，アレルギー表示等の整備

④ 委員の意見

当面は牛，豚，鳥にない機能性成分を売りにすべきではないか。

昆虫を食材とするのには忌避感があるので，飼料利用に絞ってはどうか。

食品ロスを小さくする行政目標を立て，食品残渣をコオロギの餌に利用することを推進してはどうか。

サーキュラーフードは，SG フードというようなわかりやすく親しみやすいネーミングに変えてはどうか。

(4) 培養肉

① 現在

2013年，世界初の培養肉ハンバーガー，1 個3,800万円の計算価格，現在は 2 個1,800円。

2015年，世界培養肉学会設立

2020年，シンガポールで市販。2個入り1,800円。欧米各社もまずはシンガポールで市販。

2021年，大学での食用について東京大学倫理委員会の認可

現在，米国，オランダ，イスラエル，日本などでスタートアップ，ベンチャーが林立。

② **利用の展望**

食肉消費の大きい欧米においては，畜産に対する環境保全，動物福祉上の懸念が高まり，培養肉へのシフトが進む見込み。

ウクライナ戦争により，穀物貿易，流通に大きな影響が出つつあり，飼料穀物の円滑な供給に大きな懸念が生じ，地産地消が可能な培養肉への期待が高まっている。

培養が比較的容易な代替魚介類の方が先に上市される可能性がある。

③ **残された課題**

培養液，成長因子の低コスト化

非動物性の培養液，成長因子の開発

低コストな大量培養方法の開発

製品の保管，保存技術の開発

食品安全関係規制（食品衛生法，屠畜場法）がどのようになるか

有望だが小規模な我が国のスタートアップが外国企業に買収されるおそれ

④ **委員の意見**

廃業した日本酒，醤油，味噌製造業の樽やタンクの培養タンクとしての活用

伝統的な発酵産業との協力

さらなる官民共同の研究技術開発プロジェクトの実施

(5) 代替乳

① 現状

　植物由来では，大豆，ココナッツ，アーモンド，エンドウ豆，ナッツ類を原料とする乳代替品が流通している。

　培養系では発酵菌で合成する方法と乳腺細胞を使う方法が開発中。

② 利用の展望

　発酵菌でホエイ，カゼインを生産し，アニマルフリーの代替乳製品の原料としていく（750億円の資金調達をした米国企業あり）。

　乳腺細胞から母乳及びその成分の生産を行う。

　植物由来のものは，タンパク代替というよりは，低コレステロールなどの健康要因から訴求されているものが多い。

③ 残された課題

　1リットル250円の牛乳に対抗することは極めて困難なので，付加価値を付けられる成分を売りにできるか。

④ 委員の意見

　母乳アレルギーなどに対象を特化して高付加価値化を図っていくことが必要ではないか。

(6) 藻類

① 現状

　他の植物と比べて面積当たりの単収が数倍から数十倍高く，成長も早い微細藻類の利用が有望。

　各国企業が低緯度地帯に実験プラントを設置している。

　代替タンパク質利用というよりは，機能性成分の実用化が主。

② **利用の展望**

国際民間航空機関（ICAO）が代替航空燃料の原料として微細藻類を掲げており，燃料用油脂を取った後の成分利用の研究開発が進んでいる。

微細藻類の利用を進めるため，国内コンソーシアムが結成され，油脂，タンパク質，機能性物質などの総合的利用が進む見込み。

一般社団法人日本微細藻類技術協会（代表理事：芋生憲司東京大学大学院教授）により，標準，規格化作業が進む見込み。

IPCC湿地ガイドラインでは，マングローブ，塩性湿地，海草のみがブルーカーボンに対象だが，2023年以降，海藻が追補され，ブルーカーボンクレジットの対象となる見通し。

③ **残された課題**

代替タンパク質としての具体的利用策が確立していない。

比較的高緯度にある我が国国内で競争力のある開発ができるか。

④ **委員の意見**

藻類利用開発技術のための基本的単位，標準手法の確立が肝要ではないか。

(7) **微生物**

① **現状**

微生物を用いてオーダーメードのタンパク質パウダーの生産を目指す。

二酸化炭素と窒素を原料にタンパク質を生産する菌の研究が進んでいる。

② **利用の展望**

市場化には時間がかかる見込み。

③ **残された課題**

常圧の二酸化炭素を原料として使用できるか。

④　委員の意見

　GHG削減には説得力のある方法であり，コミュニケーションを積極的に行うべきではないか。

⑻　消費者の志向
①　味覚・嗅覚・おいしさ

　食品構造工学，心理学の手法を用いて，味覚・嗅覚の可視化と動物性食品と植物性代替食品との味の差を明確にし，植物性代替食品の味，食感を既存の肉，乳，卵に近づけていく試みが進んでいる。

②　消費者の志向，受容

　代替タンパク質食品を含めた新食品に対しては，人は知識の有無のみでなく，事実よりもむしろ認識に基づいて行動し，確率的な思考より直感の方を信じることから，明らかになっている科学的合理性とは往々にして異なる志向，受容性が示される。

　代替タンパク質食品の普及のためには，こうした認知の特性を踏まえた情報デザインが必要。

　一部の開発者は消費者志向・受容性の研究とタイアップして研究開発を進めている。

　これまでの消費者調査によると，食料の安定確保，環境保全，動物福祉上の意義などを説明したうえで，代替タンパク質食品を食べたいかどうかを尋ねると，肯定的な回答が増加している。

　首都圏と京阪神圏の消費者1,800名を対象とした消費者調査（公益財団法人日本食肉消費総合センター令和3年度「食肉に関する意識調査」報告書）によれば，「植物肉」の認知度は「細胞培養肉」より高かった。

　一方，欧米においては，代替肉関連の文献・論文では，過半は培養肉を対象にしたものが多い状況。

　他方，2021年1～3月に日本，米国，中国，ドイツなど8か国の消費者を対

象に行った「各国における食肉代替食品の消費動向」（河村侑紀　畜産の情報 2021年6月号）によると，食肉代替食品（植物由来）の認知度は，ドイツで74％，米国73％，中国69％が「よく知っている」または「知っている」と回答したのに対し，我が国は49％と最も低く，「知らない」の割合が8か国で最も高かった。

③　委員の意見

　我が国消費者の感覚としては，代替タンパク質についての関心は他国と比べて高まってはいないが，長い食経験のある大豆由来の新食品に対しては，別段の忌避感はないのではないか。

　代替タンパク質食品がすんなりと大半の人に受け入れられるためにはどうすべきか，あるいは，人が受容するためのポイントについて，我が国の食文化も十分考慮して，さらなる検討が必要。

　新食品の普及には，まずネーミングが重要。

（参考）令和３年度「食肉に関する意識調査」報告書（公益財団法人日本食肉
　　　　消費総合センター）

2.2 「代替肉＜植物肉＞及び＜細胞培養肉＞」に関する消費者意識の考察

・＜植物肉＞の認知度は，「詳しく知っている」が2.4％，「ある程度知っている」
　が15.9％，「何となく知っている」が最も多く31.3％で，認知度計は49.6％。
　非認知は，「あまりよく知らない」が24.2％，「知らない」が11.7％，「全く知
　らない」14.4％で，非認知度計は50.3％で，認知・非認知が拮抗。

・＜細胞培養肉＞の認知度は，「詳しく知っている」が1.7％，「ある程度知って
　いる」が6.6％，「何となく知っている」が11.6％で，認知度計は19.9％。一
　方，非認知は，「あまりよく知らない」が20.6％，「知らない」が21.2％，「全
　く知らない」が最も多く38.3％で，非認知度計は80.1％。

・＜植物肉＞の喫食経験は，「店頭で見たことはあるが，食べたことがない」が
　19.3％，「店頭で見たこともなく，食べたこともない」が51.2％で，「食べた
　ことがない計」は，70.5％を占め，喫食経験はまだ多くない。「食べたことが
　ある計」は29.6％で，「１年以内に食べたことがある」は20.0％。

・＜植物肉＞の購入意向を「そう思う計」＊で見ると，「植物肉を店頭で見かけ
　たら，購入を考えたい」が29.1％で最も多く，「植物肉の購入を検討している」
　が24.2％で続き，＜植物肉＞の購入検討レベルの意向が強い。「今後は，植物
　肉を購入するつもりだ」が17.5％，「動物性食品の代わりに，植物肉を購入す
　るつもりだ」が16.9％で続き，「購入するつもり」は２割以下。

・＜細胞培養肉＞の購入意向を「そう思う計」で見ると，「細胞培養肉の安全性
　に不安があるので，購入しない」が30.8％で最も多く，「細胞培養肉は気味が
　悪く嫌悪感を催すので，購入しない」が26.5％，「細胞培養肉は，その生産が
　自然と人間のかかわりを失わせるので，購入しない」が20.2％で続き，＜植
　物肉＞とは異なり，非購入意向が強い。

・＜植物肉＞に関する構造方程式モデリング分析の結果，本調査回答者の植物
　肉の購入意欲を高める最大の要因は，食品選択の環境に及ぼす影響の重視度

であり，次いで家畜福祉の重視度，食肉喫食によるカロリー・脂質の過剰摂取懸念である。逆に植物肉の購入意欲を低める最大の要因は，食肉の味・食感・香り重視度，次いで新奇食品忌避という心理的要因である。

* 購入意向の「そう思う計」とは，回答選択肢（「非常にそう思う」，「そう思う」，「どちらともいえない」，「そう思わない」及び「全くそう思わない」）のうち「非常にそう思う」及び「そう思う」と回答したものの計である。

4．（コラム）研究会で使用した関係用語とその範疇について

　代替食用タンパク質を含む食品については，未だ国内外ともに市場で流通している品目は少なく，一般的な名称とその範疇が定まっていないものが多い。

　本研究会での検討に当たっては，第5回研究会で佐藤佳寿子・（株）三井物産戦略研究所シニアプロジェクトリーダー（当時）に紹介いただいた代替タンパク質の種類，すなわち，植物由来，培養由来の代替肉，魚，代替乳製品，それに昆虫食，発酵由来その他の代替タンパク質に基本的に沿った形で，「大豆ミート」などこれまで比較的人口に膾炙してきたものや，招へいした専門家が研究会における発表で使用された「培養肉」，「食用コオロギ」，「代替乳」，「藻類」などを使用した。

　因みにFAO/WHOが2021年11月のCODEX委員会に提示した文書（CX/CAC 21/44/15 Add.1）では，新たに安全性のリスク評価が必要な新たな食品として，以下を掲げている。

- ・海藻類（Seaweed）
- ・微細藻類（Microalgae）
- ・食用昆虫（Edible insects）
- ・細胞培養ベースの食品（肉，魚，乳製品）（Cell culture-based food products（meat, fish, dairy））
- ・植物性タンパク質代替物（Plant-based protein alternatives）
- ・3Dプリント食品（3-D printed foods）

　また，米国では，屠畜された動物以外から生産された培養肉などに「肉（meat）」の名を付すことに畜産業界などからの反発が強く，安全性規制の内容とともに名称についての議論が続いている（立川雅司　培養肉をめぐる米欧の規制動向と今後の課題　日本知財学会誌 Vol. 19 No. 2―2022）。

　一方で，「大豆ミート」のように国内で商標化されているものもあり，今後，代替タンパク質食品の名称については，各食品が市場化されていく中，定着までは紆余曲折があるものと考えられる。

なお，食品関係法令においては，「食品とは，すべての飲食物をいう。ただし，薬事法(昭和35年法律第145号)に規定する医薬品及び医薬部外品は，これを含まない。」(食品衛生法第4条，食品安全基本法第2条) と定義されており，薬以外で口に入るものは凡そ食品とされていることから，本研究会において検討対象とする食用タンパク質とは，一般的に食品を形成するタンパク質として議論した。

5.（コラム）我が国における伝統的な昆虫食について

　人類が二足歩行に移行したころの人糞の化石には昆虫の残骸が多くみられることから，世界中で昆虫が食されていたものと考えられている。

　我が国における昆虫食の記録は，平安時代以降，イナゴが薬用として食されていた記述が医書「本草和名」[i]にあるのが最古とされている（ガの幼虫，カミキリムシの幼虫が食されていた記述など）。

　江戸時代からは多数の文献に昆虫食に関する記述がある。「本朝食鑑」[ii]にイナゴのあぶり焼き佃煮の記述がある。また，当時の百科事典と目される「守貞謾稿」[iii]にイナゴのかば焼きの記述がある。その他，スズメバチの幼虫，タガメ，ゲンゴロウ，ボクトウガ，カミキリムシの幼虫，ブドウスカシバの幼虫などを食していた記述がみられる。

　また，イナゴの佃煮は庶民の夏の定番，カイコの蛹は子供の疳の虫に効くとの記述もある（虫類図鑑「栗氏千虫譜」[iv]）。

　「昔は55種も食べていた，日本の昆虫食の歴史」によると，「日本の昆虫食の代名詞ともいわれているイナゴの佃煮は，稲作の害虫となるイナゴを大発生する前に捕獲し，米や麦などの穀物では補えない栄養分を確保するという目的で生み出された食べ方であった。蜂の子も同様で，山に入る時に危害を加えるスズメバチを駆除すると同時に，蜂に含まれる豊富な栄養を摂取することを目的としていた。このように日本における昆虫食とは，「生産活動の妨げの排除と栄養補給の両立」として浸透していたと考えられています。生産活動の妨げとなる虫を食することで，合理的かつ効率的な生産活動に役立てていたのです。」[v]

　「野生の昆虫を１匹ずつ集めるのは労力と時間が必要です。しかし，牛や豚を家畜化していれば，面倒な昆虫集めをする必要がなく，効率的にタンパク源を確保できます。日本の昆虫食が衰退した原因は，時代の流れと合理化のせいだったのかもしれません。」[vi]

　この55種のもととなったと考えられる「食用および薬用昆虫に関する調査」

（1919年　農商務省農事試験場特別報告第31号）の序には，以下の記述がある。

「世界大戦ノ結果ハ食料ノ需給如何ハ戦局ト大関係アルコトノ了解セラルルニ至リ」
「米国ニオイテ昆虫局長ハワード氏ハ率先シテ昆虫ヨリ食料ヲ得ンコトヲ企図シ，1916年ニオイテ試食会ヲ開始スルニ至リタリ」
「昆虫類ヨリ適当ナル食用品ヲ得ルニ至ランカソノ個数ノ豊富ナルハ以テ安価ニ材料ヲ供給シ得ベク」
「利用セラルル昆虫ニシテ害虫ナル場合ニハ害虫駆除ノ一助トナリテ間接ニ農作物ノ増殖ニ利スルトコロアルベシ」

　この報告は全国道府県立農事試験場の報告に基づき，55種の食用昆虫及び薬用昆虫について当時の利用状況をまとめたものであるが，第一次世界大戦により，世界の食料事情が一変したことに伴い，我が国においても昆虫食の可能性について検討をしていたことが伺える。

---

i　**本草和名**（ほんぞうわみょう）とは**深根輔仁撰による日本現存最古の薬物辞典**（本草書）である。輔仁本草（ほにんほんぞう）などの異名がある。本書は醍醐天皇に侍医・権医博士として仕えた深根輔仁により延喜年間の918年に編纂された。唐の『新修本草』を範に取り，その他漢籍医学・薬学書に書かれた薬物に倭名を当てはめ，日本での産出の有無及び産地を記している

ii　**本朝食鑑**　江戸時代の食物書。1695年（元禄8年）に12巻12冊本，漢文体で刊行された。読み下し本として「東洋文庫」（平凡社）に収録されている。著者は人見必大（ひとみひつだい）で医師が職業。1596年に明で刊行された『本草綱目（ほんぞうこうもく）』に多分に依拠し，品類も同書に拠って分類しているが，それをうのみにせず実験的に吟味，検討して，庶民の日常食糧を医者の立場から解説し著述している。12巻中8巻を動物性食品にあてており，ことに魚貝類に多くの紙数を割き，乾魚，塩魚，加工品についても詳しく述べており，民間の行事との関係に言及したり，巷間の諺の引用もするなど，著者の関心が庶民の食料に向けられている記述が多い。

iii **守貞謾稿**（もりさだまんこう，守貞漫稿とも）は，江戸時代後期の三都（京都・大阪・江戸）の風俗，事物を説明した一種の類書（百科事典）である。著者は喜田川守貞（本名・北川庄兵衛［１］）。起稿は1837年（天保８年）で，約30年間書き続けて全35巻（「前集」30巻，「後集」５巻）をなした。刊行はされず稿本のまま残されたが，明治になってから翻刻された。1,600点にも及ぶ付図と詳細な解説によって，近世風俗史の基本文献とみなされている。

iv **栗氏千虫譜**　幕府の医官であり高名な本草学者である栗本丹洲（くりもとたんしゅう）（昌臧／1759～1834）の代表的著作で日本で最初（文化８（1811）年序）の虫類図譜。鳥獣草木の図譜は多くあるのに虫類の図譜がないことを憂えた丹洲が，あらゆる虫を自ら捕らえるなどして観察し，作成したといわれる。精密な観察に基づく解説文と，優れた絵からなるこの図譜は，当時の学者たちによっていくつも写しが作られ，栗本氏による多数の虫の図譜ということで『栗氏千虫譜』などと呼ばれた。

v 昔は55種も食べていた，日本の昆虫食の歴史―Gryllus Magazine―グリラスマガジン―

vi 日本の昆虫食の歴史から今の取り組みを調査｜FoodTechHub｜フードテックハブ（foodtech-hub.com）

6．（コラム）代替タンパク質食品に関する国際議論について

新たな食料源と生産システム（New Food Resources and Production System，（NFPS））の一部として FAO, WHO, Codex などで検討が行われ，以下の文書が公表されている。

1）FAO
食品の安全の未来を考える；予見リポート（Thinking about the future of food safety, A foresight report）
https://www.fao.org/3/cb8667en/cb8667en/pdf
食用昆虫；食品安全の観点から（Looking at edible insects from a food safety perspective）
https://www.fao.org/policy-support/tools-and-publications/resources-details/en/c/13394684/
水産養殖におけるゲノム・バイオテクノロジー（Genome-based biotechnologies in aquaculture）
Genome-based Biotechnologies in Aquaculture（fao.org）

2）WHO
植物ベースの食事とその健康，持続可能性及び環境への影響（Plant-based diets and their impact on health, sustainability and the environment）
WHO-EURO-2021-4007-43766-61591-eng.pdf

3）FAO/WHO
新たな食品供給源と生産システム：コーデックスによる関与とガイダンスの必要性（New Food Sources and Production System; Need for Codex Attention and Guidance?）
（別添参照）

4）Codex

NFPS に関する小委員会を執行委員会内に設置。メンバー国に回付文書
（Circular Letter）発出。25か国が回答している。

培養肉，魚介類，乳製品，発酵由来成分，植物性タンパク質代替物，海藻，
食用昆虫，3D プリント食品，微細藻類について各国の開発状況等について調
査を行う。

柔軟性を持った議論が必要との見解。

NFPS のための下部機関（コーデックス部会）設立には種々の見解がある。

2022年の総会にこれまでの議論について助言を行った。

（仮訳　日本生活協同組合連合会提供）

議題8.1　CX/CAC 21/44/15 Add.1

2021年7月

FAO/WHO 合同食品規格プログラム　コーデックス委員会

第44回セッション会合　2021年11月8日〜17日

新たな食料源と生産システム：コーデックスの注意とガイダンスの必要性

（作成：FAO/WHO）

1．FAO と WHO は，農業食品システムに影響を与え，食品安全と品質に関
連する多くの新たな問題に注目している。この短い文書で FAO/WHO は
コーデックスの注意を喚起し，メンバーの関心があれば，CCEXEC（執行委
員会）の関与を求めること。

—FAO/WHO がこれらの議題を関連するコーデックス部会と共有するための
メカニズム

—これらの分野横断的な問題についてコーデックスがどのように作業を開始
し，取り上げることができるかを検討するための方法

—コーデックスがこれらの分野横断的問題に対する潜在的な行動の必要性を総
合的に評価し，優先順位をつけることを可能にするプロセス

背景

2．増加する世界人口に食料を供給すると同時に，より持続可能な方法で食料を生産することに関連する課題への認識が高まっており，食料システムのイノベーションに拍車がかかり，将来の農業・食料事情が形成されようとしている。これらの「ゲームを変える」テクノロジーのいくつかは，すでに世界中でさまざまな開発・実施段階に入っている。このため，これらの技術がもたらす可能性のある利益と，食品の安全性を含む関連するリスクを客観的に評価することが重要である。そのような新分野の一つが「新食品・生産システム」（NFPS）であり，すでに急成長しており，時間の経過とともにさらに成長していく可能性が高い。

3．本テーマに関する今後の議論を円滑に進めるため，「新しい食品」とは，技術革新により最近になって世界の小売市場に登場してきたもの，または，歴史的にその消費が世界の特定の地域に限定されてきたものなどこれまで広く消費されてこなかったものを指す。こうした食品は，既存のコーデックス規格の枠組みにおいても「新しい」と見なされる。新しい食品生産システムは，既存の食品技術の斬新な革新や進歩を反映したものであり，議論中の新しい食品を生産するのに役立つものである。

4．FAO は，食品安全性に関連する農業・食品システムに影響を与える多くの新たな機会と課題を追跡調査している。FAO は，FAO foresight プログラム注1を通じて，食品安全に関連する農業・食品システムに影響を及ぼす多くの新たな機会と課題を追跡してきた。NFPS に関連する食品の安全，品質に関する懸念は，公衆衛生に影響を与えるだけでなく，規制の枠組み及び貿易にも影響を与える可能性があるため，十分に考慮されなければならない。

NFPS の中で特定されている顕著なトピックのいくつかを以下に挙げる。

海藻類

微細藻類

食用昆虫

細胞培養ベースの食品（肉，魚，乳製品）

植物性タンパク質代替製品

3D プリント食品

5．技術それ自体が常に変革的であるとは限らないが，これらのイノベーションは，社会経済的，環境的要因，消費者の態度，政治的文脈など，さまざまな条件が重なったときに出現する。さらに，NFPS の領域はメディアで取り上げられることも多くなり，この成長トレンドが強調され，世界中の消費者の関心を集めている。このため FAO は，NFPS の進歩に遅れずについていき，NFPS に関連する利点とリスクの両方についての認識を高めるための取り組みを行っている。最近では食用昆虫の食品安全面に関する報告書（"Looking at edible insects from a food safety perspective"）を発表した。また，海藻の食品安全性と規制の側面に関する報告書「海藻の食品安全性，現状と将来の展望」を近日中に発表する予定である。

　さらに，食品安全における FAO の先見性アプローチについて述べた別の出版物も作成中である。

6．現在策定中の FAO と WHO の食品安全戦略では，地球規模の変化から生じる影響を特定・評価し，リスク管理の選択肢を新興の食品安全リスクに適応させることの重要性が強調されている。疾病監視システムおよび食品媒介性疾病発生調査は，食品安全当局が適切なリスク管理措置を講じるために，新たな食品安全リスクの潜在的原因を特定することとしている。

国際基準の必要性/農業食料システムの新興分野へのガイダンス

7．現在，急成長する NFPS 部門による研究の拡大と消費者の関心の高まりは，このような分野を管理するために必要な調和的な規制の枠組みの開発を上回っており，間違いなく注意を払うべきギャップとなっている。世界の消費者の健康を守り，コーデックスの最新性と関連性を維持するためには，これらの新興問題や技術革新に対処し，国際的なレベルで適切なガイダンスの策定を促進することが重要である。このような努力は，コーデックス戦略計画2020の戦略目標１コーデックス戦略計画2020-2025の戦略目標[注2]に沿った

ものである。しかし，現在，コーデックスのシステム内には，このような新興の問題を議論するための指定された場は存在しない。

8．FAO と WHO は，食品安全及び品質に影響を及ぼす新興の問題の動向を引き続き監視し，今後生じる新たな多様な機会及び課題に対応できるよう努めていくが，CCEXEC がこれらの新興の課題に優先的に取り組む必要性を認識しつつ，この問題を検討し，将来のステップについて更なるガイダンスを提供するよう要請する。

9．NFPS という用語から「新しい」という言葉が消え，そのような食品と生産システムがより利用可能で主流になるのは，時間の問題であろう。したがって，コーデックスは積極的に行動し，グローバルな公益に貢献し続けられるよう，積極的かつ「未来志向」であることが重要である。

10．FAO と WHO は，この分野での更なる支援と関与を行う用意がある。

注：1　先見性とは，インテリジェンスを収集し解釈するための先見的かつ構造的なアプローチであり，新興の問題を特定し対処するための事前戦略の開発に利用することが可能である。中長期的な問題を早期に特定し，評価し，優先順位をつけることは，食品安全の意思決定プロセスにおいて重要な要素であるため，先見性に基づくアプローチが注目されるようになってきた。
　：2　コーデックス戦略計画 http://www.fao.org/3/ca5645en/CA5645EN.pdf

7．（コラム）代替タンパク質への問題解決と理解に必要な複眼的視点

春見隆文

　培養肉がメディア等で頻繁に取り上げられ脚光を浴びている。期待は大きいが，代替タンパク質としての普及はまだ少し先であろう。大学やスタートアップ企業による先駆的研究開発から大量生産技術，消費者の受容性など，乗り越えるべき壁は依然として高い。この領域はフードテックの最先端技術の集積場と化しており，分野横断的な新産業を生み出す可能性がある。その上で私が期待するのは，畜産業分野との競合・競争ではなく，連携・共同である。優良な家畜系統の保存，肥育，細胞の提供なくして培養肉産業の進展はない。そのためには，両者の公正な権利関係および情報共有が必須である。別の関心は，発酵産業への波及である。清酒，醤油，味噌などの発酵分野は，近年の消費減退とともに休・廃業が相次いでいる。培養肉の大量培養プロセスの一部に，スキルアップした伝統発酵産業の人材と施設を転用できないだろうか。新技術である人工培養肉技術が，畜産業や発酵産業に新たな息吹を注入し，地域振興にも貢献することを期待したい。

　代替タンパク質は当面，大豆タンパク質を中心に展開していくことは間違いないであろう。各種のアンケート調査結果から，代替タンパク質といえば大豆タンパク質（大豆ミート）を連想する人が多いことが明らかとなっている。特に，大豆タンパク質の品質，栄養，加工製造などで優れた実績をもつ日本は，大豆ミートの分野で世界をリードできる環境にある。畜肉中心の欧米では，大豆タンパク質をどこまで本物の肉に近づけるかが研究開発の主眼であるが，国内ではどうか。大豆食品そのものが日常的に定着している中にあっては，様々なバリエーションの存在があって然るべきであり，その期待も大きい。同時に，大豆ミートに対する消費者（特に若年層の）の受容性，嗜好性が何を基準に決まっていくのか観察していく必要がある。問題は国内自給率の低さである。こ

れまで以上に，研究機関，生産農家，自治体の連携強化策が望まれる。

　昆虫タンパク質について，個人的には当初よりも可能性を感じている。日本を含むアジア諸国で古くからタンパク源として利用されており，現在も国内の一部地域において食されている実績がある。欧州では EFSA が新規食品としての認定を行ったことから，普及に向けた取り組みが始まっていると聞く。この研究会で初めてコオロギのから揚げを試食する機会を得たが，香ばしくて想像以上に美味しいと感じた。問題は昆虫に対する嫌悪感であろう。乾燥粉末，粒状粉末などにすれば外形からくる抵抗感は比較的少ないと思われる。すでに，パンや麺のタンパク質増量材，養魚用飼料などへの利用が一部で始まっているようである。今後の進展を注視したい。

　食に対する嗜好は生育時の食生活，経験，価値観，倫理観，哲学，宗教，食文化などによって決まるという。人は本能的に食経験のないものに対して警戒感を抱く。従って，培養肉や昆虫タンパク質などに対する不安感，忌避感はむしろ当然といえよう。一方，多かれ少なかれ食経験のある大豆ミートなどは，嗜好性を別にすれば抵抗感は少ない。アンケート結果からも明らかなように，不安感は情報の不足によるところが多く，如何に分かりやすい情報を開示・提供できるかが重要なポイントとなる。食に対する消費者の受容性は，しばしば理性よりも感性，直感によって決まるという。培養肉や昆虫タンパク質も，新奇性や話題性に興味をもつ一部の消費者やメディアが火付け役となり，若年層を中心にブレークすることがあるかも知れない。その点では，大豆ミートも同様のポテンシャルをもつ。

　代替食用タンパク質は，気候変動，環境，資源，農業，食料，栄養，健康など，グローバルな課題から社会や地域，個人に至るまでありとあらゆる領域に及んでいる。生産に関わるテクノロジーは，多種多様であっても目的と方向性は一致している。対して，受容側の人間は千差万別。例えば，一口に菜食主義

といってもその中身には大きな違いがある。動物，植物の線引きも現在の科学ではほぼ不可能。生命の定義ともなればもはや哲学の世界。すべてを網羅することなど誰にもできない。代替タンパク質に対する視野と理解はすぐれて断片的であり，特定の分野に焦点を当てた専門化のなせるワザである。「一人ひとりは一部分しか知り得ない。だけどその一欠片を持ち寄れば全体像に少しだけ近づけるかもしれない」。ある食文化研究者が，群盲象を評すに例えて述べた言葉である。これからも可能な限り，複眼的視点でこの問題を視ていきたい。

8.（コラム）代替タンパク質と人の感覚

佐本将彦

■人の感覚とは別の課題
・将来の供給性（サスティナビリティー）
・環境問題緩和（サスティナビリティー）
・タンパク質栄養にもとづく人々の健康への寄与（食品機能性）
・製造側のコストパフォーマンス（製造技術）
が課題であると感じます。

　ただそれが，食用タンパク質として広く見た場合には情報不足でハッキリとした判断がくだせず，現状では，日進月歩の進行形であることがわかります。

■人の感覚についての課題
・植物性食品のPBFでは，代替という言葉があるように，人々の何かの食メニュー，食シーンの認知を介在させ，開発された食品成分の摂取を広げていく策をとろうとしています。
・食品は保守的で，官能的で，常に過去の経験をベースに繰り返し記憶が新しいものに塗り替えられ，それがベースになって次の食べたいものを連想する。
・代替はきっかけであって，実はなんでもよく，美味しく，心地よいものになるための購入コストパフォーマンスがあれば買って食べる行動につながるのではないだろうか？

　これらの課題は，ハッキリと比較できない，あるいは試算がみこめない，などの不明瞭なところがあるため，食用タンパク質として広く見た場合，課題はありますが，どれに注力して開発を進めていくべきかが指針として出せない。

これら情報が整理され，少なくとも国民のタンパク質栄養補給について安心した将来が保証できるような指針を示すことができるようになることを希望いたします。

　私の立場としましては，普段の食シーンや食メニューにて違和感のない，むしろ好ましい食品素材開発が急務であり，そのためのタンパク質栄養補給に関する大豆原料や供給性の課題も含めた食品素材製造技術はもっと開発されるべきであると考えます。

　私はたまたま立場的に大豆資源をターゲットにしているだけである。という想いや感想を持ちました。

9. （コラム）食用タンパク質源の生産におけるライフサイクルアセスメント と安全性情報開示

古在豊樹

　食用タンパク質源の今後の世界的な不足に対応するために，大豆ミート，昆虫食，培養肉，代替乳，藻類の研究開発と産業化の動きが盛んである。この産業化は，単位量のタンパク質源生産に必要な農地面積，かん水量，施肥量，温室効果ガス（GHG，greenhouse gas）排出量などを大幅に削減し，かつその生産方法と生産物は安全であり，かつ生活の質の改善に貢献すると期待されている。この期待の実現値の多くは，原料調達から廃棄物処理までの LCA（Life Cycle Assessment）で算定される5要因（表1）に関して定量的に評価される。LCA は国際機関で算定法が定められているので，食料の持続可能な生産方法に関する客観的指標の主要な1つとなる。上述の状況を反映して，農産物の包装ラベルに生産物1kgあたりのCO_2排出量，エネルギーと水の消費量などを明示する動きが始まりつつある。今後，代替タンパク質生産の産業化の推進と並行して，その商品に関する LCA の算定結果を表示することについての検討を進めることが望まれる。

表1　LCA から見た地球の持続可能性を損ねる5要因（複数の文献から作成）

	要　因	具体例または現象
1	温室効果ガス GHG：CO_2-eq[1]	CO_2，CH_4，N_2O，HFCs，PFCs，SF_6など[2]
2	酸性化：SO_2-eq（二酸化硫黄）	雨水・湖沼水・海水・土壌の pH（酸性度）低下
3	富栄養化：PO_4-eq（リン酸）（過剰肥料が河川・湖沼に流亡）	湖沼・河川・海洋でのリン酸・チッソ濃度上昇による植物プランクトン・アオコの異常繁殖
4	健康被害への毒性因子：DCB-eq	大気汚染質[3]：SO_x，NO_x，CO，PM10，DCB

| 5 | 非生物系天然資源の枯渇化 | リン鉱石，カリ鉱石，石油，天然ガス，鉄鉱石 |

注：1）CO_2-eq (equivalent，等価)：右欄のガスの影響を CO_2 の影響に換算して表示。

2）CH_4（メタン），N_2O（亜酸化チッソ），HFCs と PFCs（エアコンの冷媒などに利用される），SF_6（ガス状電気絶縁材などとして利用），

3）CO（一酸化炭素），PM10（径$10\mu m$ 以下の微粒子），DCB（$C_6H_4Cl_2$，衣類の防虫剤やトイレの防臭剤などに利用）

　培養肉の生産過程は，「細胞の単離・成長・増殖・組織化」および関連する代謝だけでなく，「細胞組織の器官（例えば，血管や筋肉）への分化)」を含む場合がある点で，発酵食品などの生産過程とは質的に異なる面がある。この異なる面の取り扱いに関して，培養肉の安全性に関わる消費者の立場からの情報公開要求と企業の知的財産保護の両面から慎重に検討すべきであろう。なお，多くの植物種の細胞および組織は，培地に適切な外生ホルモン（成長調整物質）を加えれば，器官（根，茎葉（シュート））や個体に分化する。この分化器官は学術研究および苗の増殖生産に利用されるが，食用になることは現段階ではきわめて稀である。今後，iPS（人工多能性幹）細胞などを用いての食用の培養肉の商業生産に関する研究開発が実施される場合には，その安全性に関する情報開示が特に必要となろう。

10.（コラム）研究会に出席しての雑感

腰岡政二

　私は大日本農会農芸委員の立場から，当研究会にオブザーバーの一人として参加する機会を得た。この1年半の間に開催された研究会の全てに出席できたわけではないが，私にとっては今後の食を考えるうえで実に有意義な機会であった。研究会のテーマは，私の専門研究分野である花き園芸とは全くかけ離れたものではあったが，食の自給率とそこに関わる，食料安全保障，農業生産に関わる飼肥料自給率とSDGsなど，今後解決していかなければならない課題に関心があったことから，これらと深く関連する「食用タンパク質」をテーマとする研究会ということで参加させていただいた。残念ながら，オブザーバーという役目を十分には果たしきれず，ほぼ傍観者であったことを，この場をお借りしてお詫びしたい。

　本研究会が開催された期間中に，昆虫食，培養肉などの話題が多くのメディア等で取り上げられたことを考えると，この研究会が時宜を得たものであったことが強く感じられた。今後，この研究会をベースとして，食料問題などの解決に向けた動きに，興味を持っていただける人が増えることを期待したい。

　さて，私自身にとって，植物タンパク質，特に大豆タンパク質については，すでにかなりの研究実績や報告を目にしていたので，議論のフォローにそれほど苦労はしなかったが，「昆虫食」「培養肉」に関しては，それらに関する技術の進歩が，認識の域を大きく超えていた（勉強不足であった）のには驚かされた。

　私にとっての「昆虫食」に関する記憶は，学生時代（50年も昔の話ではあるが）に南アルプス登山に訪れた長野県の伊那地方で，初めて昆虫食に出会ったことである。当時は，その地域のどこのスーパーマーケットででも，蚕の蛹，ざざむし，蜂の子などの佃煮がパック詰めで売られていた。生まれも育ちも神戸の都会っ子にとっては衝撃的な出来事であったが，非常時のタンパク質補給

になるということで購入した。もちろん，この時点で代替タンパク質としての観念を持っていたわけではないが。幸いにも非常事態に陥ることもなく下山し，仲間と非常食を食することを試みたが，残念ながら，私自身はそれらを口にすることができなかったことを覚えている。その後に，昆虫食に遭遇するたのがタイ国であった。10年ほど以前に5年間にわたりマハーサーラカーム大学の研究者と，タイの国花である *Curcuma* spp. に関する共同研究を実施した。その間，数回にわたりタイ東北部イーサーン地方の山野を調査した。その折り，ハイウェイの路肩で，焼鳥や焼き豚とともにバッタ類やカブトムシ類の幼虫，さなぎ，成虫などが食材あるいは調理済み商品として，どこででも売られているのを目にした。タイ人である共同研究者は芋虫の唐揚げをスナック代わりに食していたが，シティボーイである私は手を出すこともできなかった。そして，人生で初めて昆虫食を食するのが今回の研究会であった。昆虫食セミナーにおいて配付されたコオロギ粉末のスナック菓子，口にするまではかなりの躊躇があったものの，口にしてしまえば抵抗もなく受け入れられたことに驚いた。今までは，あまりにも昆虫形態にとらわれすぎたために，食することができなかったのかも知れない。ただ，食料源として昆虫を考えた場合，自然界から得るのでは時期や分布，さらには種の保存等々の色んな意味で限界があるのは当然である。そこで，昆虫の繁殖技術や利用技術の開発が必要となるが，これら技術が既に大きく進展してきていることを，この研究会で知ることができた。

　一方，「培養肉」については，研究上で植物細胞培養・増殖に関わった経験から，培養細胞の塊としての肉の利用は想像の域を超えなかった。が，すでに，細胞分化を踏まえた肉の形態造形にまで研究が進展していることには驚かされた。

　いずれ，農耕，畜産業，漁業等から必要とする食資源を得ることができなくなる恐れがあることを考えれば，それらに代わる食資源の創造が急務である。そういう意味では，本研究会で食用タンパク質の現状を知ることをできたのは有意義であったと考えると同時に今後の研究のさらなる発展を期待したい。

11. （コラム）シンガポールにおける培養肉産業化の現況

諸岡慶昇

　世界に先駆けて，シンガポールとイスラエルでは動物細胞由来の培養肉を含む代替タンパク質食品の産業化が，2010年代中葉以降急ピッチで進められている。両国ではこの新たな食品が人口増への対応や環境保護等の観点から持続的で有望な食料とし国策に位置づけ，イノベーションが起こりやすい環境整備に努めてきた。現時点で既に多くの企業が拠点を置いていることから，新規食料の国際的開発ハブとしてその動静が注目されており，ネットを介し近況を知ることができる。ここではシンガポールを事例に背景を概観しておこう。

　シンガポールは東京23区に相当する国土で農地も1％程度に限られているため，食料自給率は長く10％を切る状態であったが，近隣諸国の逼迫した食料事情も波及し，輸入への依存が急速に厳しくなる事態に直面した。このため海外への依存度を軽減し国内での安定供給を図るため，食品局（SFA）は2019年3月に，"2030年までに栄養ベースで自給率を30％へ引き上げる"「30x30目標」（30 by 30 Food Security Goal）を公表した。その政策には他省庁と連携し，①環境に配慮した施設園芸，植物工場，都市型農業の推進，②自然の活力を活かした革新技術（Harness innovation）の開発研究，③エコシステムと調和した食品産業の成長，④地場産食料への需要の喚起と食料安保への自覚を促す施策が組まれている。

　代替タンパク質は，開発研究が②と，また，その産業化が③に特に深く関係している。②は未来の食料として，特に植物由来・微生物利用・培養肉の代替タンパク質を対象に，a）新規で未利用のタンパクと新たなタンパク機能性の発見，b）再生可能な生物資源（バイオマス）やバイオテクノロジーなどを利活用した高い高付加価値・高栄養価の食品開発，c）持続的で再生可能性のある循環型の経済社会に応える食品の創出を目指す内容である。

　また，こうした新規食品の安全性確保については，a）安全性が危惧される緊

急的なリスクの探知，b）病原の感知や食品の偽装，その他のリスク対応への早期警戒及び事前予知システムの開発，c）消費者の受容性に沿うよう新規の食品へ向ける意向や改善方途への配慮などを付帯する重要な柱としている。

　上述の③に関連しては，既に多くの企業が内外から誘致されていることから伺えるように，経済開発庁（EBD）を中心に，資金的支援や投資に関わる免税措置など諸制度の整備や工業団地の拡充や関連する生活環境の充実が図られ，「代替肉・培養肉の一大拠点」が形成されつつある。ネット情報によると，シンガポールに本社を置く細胞培養肉開発企業は2021年現在で9社あり，これは米国（26社），イスラエル（14社），英国（12社）に次ぐ位置にある。こうした基盤に立ってSFAは，2020年12月に米イート・ジャスト社が開発した培養鶏肉の食品安全性を評価し，販売を認めたことを公表している。培養肉がこの国で公的に認可されたこれが最初の例とされている。

12.（コラム）国内外における培養肉を中心とした受容性の現況

諸岡慶昇

　新規食料として注目されている植物由来の肉類（植物肉）は，日本国内でも例えば大豆ミートとして市販されスーパーでも購入できるようになったが，動物細胞に由来する培養肉（cultured meat）は一部の国を除くと海外においてもまだ食品として認可されていない。しかしこうした新規の食料を消費者がどう受け止め，受容するかは，今後の技術開発につながる主要な研究テーマであり，さまざまな視点から調査した報告や論文が多く見られるようになってきた。

国内の受容傾向

　国内においては，本報告の「議論のポイント」（22頁）に参考資料として付されている，令和3年10月実施の，（公財）日本食肉消費総合センター「食肉に関する意識調査」がその先行例の1つに挙げられるだろう。調査対象地の広域性（首都/京阪神の2圏），サンプル数（食肉の喫食経験者1,800人），年齢構成（20代以上6年代別），性別，所得階層，またこれまでの調査の継続性などの点からその報告内容は示唆に富む。結果の詳細は原著にゆだねるとして，代替タンパク質に限定し結果の一端を見ると，以下のように要約される。

　1つは代替肉の認知の程度である。植物肉を知っているその程度（よく知っている，ある程度知っている，何となく知っている）に差はあるが，総じて「知っている」と答えた回答者は全体の49.6％で，「知らない」と答えた50.3％とほぼ拮抗した状態にある。これは前述のとおり消費者間での植物肉を知る人が相当の広がりを見せていることを教えている。また，前年度の結果と比べ知っていると答えた度合いは3ポイントほど高まっており，一定の伸びを見せている。他方，恐らく市販されていないことも影響しているように思われるが，本調査では培養肉を「知っている」と答えた回答者は全体の19.9％で，「知らない」と答えた層（80.1％）が圧倒的に多い。培養肉の認知度に圏域による差はなく，

男性の方（24.3％）が女性（15.6％）より高い。また世代別では，植物肉を知る人が高年齢層（60-70代）で高い反面，培養肉では低い傾向を示す。

2つは喫食経験である。植物肉は言葉としては知っていても，「店頭で見たことはあるが食べたことはない」19.3％，「見かけたことも食べたこともない」51.2％で，70％ほどはまだ喫食の経験がないと答えている。この傾向に大きな差はないものの実際に食べた人数は首都圏で高く，性別では男性の方がやや多いようである。培養肉は市販されていないので喫食経験への回答はない。

3つは実際に購入し喫食するかどうかの購買意向である。植物肉については「店頭で見かけたら購入を考えたい」29.1％，「購入を検討している」24.2％で，購入へ気持ちは動きながら積極的ではない傾向が伺える。他方，培養肉は安全性に不安がある（30.8％），気味が悪く嫌悪感を催す（26.5％），自然と人間のかかわりが失われる（20.2％）などの見方から購入したくないとの回答が多く，植物肉よりも非購入意向が強い。さらに踏み込んで，「市場で販売されたら購入するか」との問いに対し「購入するつもり」との意向を表明した回答者は10％前後であった。

海外の受容傾向

海外では，代替タンパク質食料の受容意向に関わる論文が相当数検索され関心の高さを知ることができる。ただ調査の対象は日本とはやや異なり，過半は培養肉を対象にしたものが多い。結論を先に述べると，食品としてまだ出回っていない代替肉の受容動向をどのようにとらえるか，その方法と分析法に工夫が見られ，多くは消費者の関心度を写真などで示し購入などの意思を探り要因間の相互関係を明らかにしようとする分析手法や，CVM（仮想市場評価法）を援用した意向分析が多い。したがって，回答者への代替肉の説明の仕方，写真やイラストなどを付したイメージの見せ方，用語や言い回し方によって個々の回答は変わりやすいように映る。消費者の受容動向については多彩な見方を知ることができるが，例えば米国の方がシンガポールのそれより関心が低いこと，フランスとドイツの比較ではドイツが高そうといった傾向が導かれている。シ

ンガポールは米国と比べ進取の気性（kiasuism）が働いているようで，フラン
スはドイツと比べ食文化へのこだわり感がより強いためではないかと述べられ
ている。

　Bryant C. らのレビュー論文から，既往の文献を整理し，培養肉への消費者
受容（Consumer acceptance）に関わる論文を比較考察した例を付しておこう。
以下，①食べてみたい，②うち，買ってでも食べたい，③うち，通常の食肉代
わりに食べたい，を指す。

事例１：Bryant et al.　（2019：米の1,185名）

　　　　　　　　　　　　　　　①66.4%，②48.9%，③55.2%

事例２：同上　　　　　（2019：米中印３国3,030名）　　②について

　　　　　米国29.8%，インド48.7%，中国59.3%

事例３：Bryant/Dillard

　　　　　　　（2019：米の480名）　①64.6%，②24.5%，③48.5%

事例４：Gomez et al.　（2019：英西伯度４国729名の②について）

　　　　　イギリス20%，スペイン42%，ブラジル11.5%，ドミニカ15%

事例５：Mancini/Antonioli）

　　　　　　　（2019：伊の525名）　①54%，　②44%，　　③23%

事例６：Weinrich et al.（2020：独の713名）　①57%，　②30%

今後の展望課題

　これら既往の論文が示す欧米の消費者の代替肉，とりわけ培養肉へ向ける受
容度合は，先に見た邦人の意向よりも明らかに高く映る。欧米でのこの傾向は
他の論文でもほぼ同様であるが，実際に購入し食べたいとの喫食行動とは大き
な乖離がある。培養肉が必要とされる社会的背景の説明に回答者は影響されや
すいようで，物珍しさもあって多くが食べてみたいとの意向を示すようにも映
る。また，その多くは現行の食肉（conventional meat）に置き換わるとは身近
に感じていないようでもある。今後，特に培養肉が実際の購入行動や喫食慣行
に結び付くようになるためには，以下のような課題が横たわっていることを先

行研究は指摘している。

① 天然物へのこだわり（Unnaturalness）

　　自然のものと変わりがないと認知された（Perceived naturalness）もので
も，実際には人工的に合成された食べ物であることから，説明の仕方，情報
の与え方などによって消費者の自然か不自然かの認知の度合や受け取り方は
大きく異なる。

② 栄養への関心（Nutrition concern）

③ 信頼・信用性（Trust）

④ 嫌悪感（Disgust）

⑤ 新奇な食べ物への拒絶性（Neophobia）

⑥ 経済的な懸念（Economic anxieties）

　　新技術の肉牛経営へ及ぼす諸影響など。

⑦ 民族性（Ethical concerns）

　　イスラム教徒のハラル食品，ユダヤ聖典に関わるコーチャ料理等の食文化へ
埋め込まれた宗教観や国民性の違い。

参考文献：

1) 公益財団法人日本食肉消費総合センター『令和3年度食肉に関する意識調査』，
2022.

2) Bryant C. & J. Barnett: Consumer Acceptance of Cultured Meat: An Updated
Review (2018-2020), Applied Sciences, 10: 5201, 2020.

13. （コラム）米欧における最近の培養肉規制検討の動き

諸岡慶昇

　代替タンパク質への期待が寄せられるなか，特に培養肉に関しては，従来の食肉との区別や安全性の審査，認証のあり方や表示方法などさまざまな規制が関わってこよう。当研究会では，国内での検討状況を見つめつつ，海外におけるその現況についても文献情報による状況理解に努めた。国内においても論議が進行中であるが，米国とEUにおける培養肉をめぐる規制動向について，資料の１つ『日本知財学会誌』（令和４年12月刊）の立川論文を参考に，その現況を概括しておく（脚注参照）。

　まず，米国であるが，2019年に保健福祉省・食品医薬品局（DHHS-FDA，以下FDAと略称）と農務省・食品安全検査局（USDA-FSIS，以下FSIS）で監督規制に関する合意がなされ，前者のFDAが細胞採取，セルバンク，細胞培養と分化を担当する「前工程」を，後者のFSISが細胞収穫の過程である製造，包装，食品表示の「後工程」を担当することになった。両省庁は相互の監督機能を円滑に進めるため，必要な情報共有を行うとともに，さらに詳細な標準的作業手順書を定めることに合意し検討が進められている。

　FDA及びFSISは共に，培養肉（培養魚介類を含む）に関しての情報提供を呼びかける告示を官報に掲載している。前・後の両工程で用いる用語や意見募集時期の違いを別にすれば，行政側から論点を提示しこれに関わる意見や情報の提供を期限付きで求める内容となっており，従来の肉類との違い，安全性，その情報開示の仕方，名称表示の在り方が中心課題とされている。一例を挙げると，培養動物細胞からなる（を含む）食肉の製品名は，その製品が動物細胞培養技術を使用して作られたことを消費者に知らせるにあたって，従来の肉類とどう区別すべきか，そのためどのような基準を検討また使用すべきかといった論点である。消費者が購入しようとする際に考慮される特性，例えば栄養学的，さらには外観，匂い，味などの組織学的，生物学的，化学的特性などがど

—49—

う異なるのか，寄せられた意見は細部に及んでいる。

　米国においては，まだ表示問題に関して法的整理がついておらず，USDA による対応が決定しない限り，培養肉の一般販売は難しい実情にある。また，培養肉（現状では cultured meat をあてるケースが多い）の呼称に関して，meat という表現に畜産関連団体から批判が出されており，業界との意見調整にも時間を要している。こうした反対意見が寄せられていることもあり，安全性の検討や表示ルールの制定にはなお時間がかかる見通しである．

　次に EU における培養肉の規制動向であるが，以下の 3 点に特徴がある。1 つは培養肉が「新規食品（Novel food）規則」による規制対象としてとらえられていることである。この規則は1997年に主に遺伝子組換え食品を規制するために制定されたが，植物由来の肉，培養肉，食用昆虫などはこの新規食品に該当する。規則には97年以前に EU 域内で食品として消費されていなかったものをすべて含むとされ，昆虫もこの規則を契機に新規の食用として公的に認知されることになった。この規則は，遺伝子組換え技術以外の新技術に対する安全性を確保することが目的とされ，高度な安全性確保と共に，EU 域内市場を機能させ，予防原則をはじめ新たな予期せぬリスクに対する規制根拠となることが期待されている。なお，「新規食品規則」はその後何度か改定され，現在では認可に関する期間の短縮化や審査データの保護とともに，細胞培養由来の食品や食用昆虫が法律に明記されることになっている。

　2 つは，その慎重な認可手続きにある。新規食品として欧州委員会が指定した食品は，欧州食品安全機関（EFSA）による安全性審査を経て，意見が付されるケースとそうでないケースに大別され，その後の手続きが異なる。意見が付された食品は，EFSA への諮問，意見具申等をへて欧州委員会に提案し加盟国による投票というステップを踏む。2022年 8 月現在，培養肉でリストに掲載された例はなく複数の食用昆虫が認められているにすぎない。

　3 つとして食品表示の厳格さを挙げなければならないだろう。食品表示は「消費者への食品情報規則」で規制され，健康，経済，環境，社会倫理的配慮を踏まえ，消費者に対して正確で分かりやすい表示を行うことが定められている。

食品の名称，製造過程や成分の明示など表示ルールをめぐる課題は，まだ多くの論議を残している。EUにおいては，新規食品規則が改訂され培養肉が位置づけられたものの，食品情報規則上は，「肉」として表示することが困難であり，米国と同様，表示ルールをめぐっては今後の検討が必要である。透明性規則の導入などでEFSAでのリスク評価手続きが改善される動きもみられるものの，EUにおいても培養肉の上市にはなお時間がかかることが予想される。

脚注：立川雅司「培養肉をめぐる米欧の規制動向と今後の課題」『日本知財学会誌』
　　　19-2，18-25頁，2022，日本知財学会.

14. 話題提供と意見交換

①大豆ミートおよび大豆利用における現状と課題（展望）

佐 本 将 彦*

はじめに

2021年11月4日に第2回食用タンパク質研究会を開催し，同研究会の佐本将彦委員より「大豆ミートおよび大豆利用における現状と課題（展望）」と題して発表の後，意見交換を行いました。以下，その概要を紹介します。

話題提供

ア　大豆タンパクのアミノ酸組成

私は不二製油で大豆関係の開発を30年ぐらい続けてきて，最近，自分自身でもびっくりするくらい代替タンパクとしての大豆が話題になってきた気がします。これまでの会社での経験も盛り込みながらお話しいたします。

佐本　将彦　氏

植物性の食材をベースに組み立てられるプラントベースフードは，環境保全意識の高揚やSDGs（持続可能な開発目標）などを背景に，海外で製品開発への投資および市場のニーズが高まっていますが，日本ではまだ，それほどまでではありませんでした。

＊さもと　まさひこ　茨城大学客員教授，不二製油グループ本社（株）未来創造研究所，研究会委員

最近では日本でも，プラントベースフードについて大豆ミートの新JASが検討されているなど注目されています。

　生きていくために欠かせない栄養素の一つであるタンパク質ですが，栄養面では食物中の必須アミノ酸を確認することは重要です。

　タンパク質100ｇ当たりに必要とされる各必須アミノ酸量は，**表1**に1985年と2007年に提唱された異なる数値を示しています。その後も変遷していますが，1985年にコーデックス（食品の国際規格）の会議で提唱されたものが今でも一般的な数値として採用されています。

　アミノ酸スコアは，食品中の必須アミノ酸の含有比率を評価するための数値であり，**表2**で各種作物のタンパク質100ｇ当たりの必須アミノ酸量の下のカラム（1985以下）に表記しています。大豆タンパク質のアミノ酸スコアは100で

表1　タンパク質100ｇ当たりに必要とされる各必須アミノ酸量

必須アミノ酸[注1]	1985 WHO/FAO (2-5)[注2]	2007 WHO/FAO (1-2)	2007 WHO/FAO (≧18)
	g/ 100g protein*	g/ 100g protein*	g/ 100g protein*
Lys	5.76	5.2	4.5
His	1.92	1.8	1.5
Phe+Tyr	6.24	4.6	3.0
Leu	6.56	6.6	5.9
Ile	2.88	3.1	3.0
Met+Cys	2.56	2.6	2.2
Val	3.52	4.2	3.9
Thr	3.36	2.7	2.3
Trp	1.12	0.7	0.6

注1）Lys（リジン），His（ヒスチジン），Phe（フェニルアラニン），Tyr（チロシン），Leu（ロイシン），Ile（イソロイシン），Met（メチオニン），Cys（システイン），Val（バリン），Thr（スレオニン），Trp（トリプトファン）
注2）かっこ内は年齢，2-5は2〜5歳

表2 各種作物・食品の必須アミノ酸量

	エンドウ	アズキ	緑豆	インゲン	そら豆	大豆	ヒヨコ豆	エゴマ	フライドポテト
Lys	7.2	7.6	6.8	6.5	6.2	6.9	6.5	4.6	4.8
His	2.5	3.3	2.9	3	2.6	3	2.8	3.3	1.7
Phe+Tyr	7.5	8.6	8.6	8.3	6.9	9.6	8.0	9.6	6.5
Leu	6.9	7.9	7.7	7.8	7	8.4	7.0	7.3	4.8
Ile	3.9	4.3	4.1	4.5	3.8	5	4.3	4.1	3.1
Met+Cys	2.5	2.8	2.0	2.6	1.9	3.2	2.7	5.0	2.6
Val	4.6	5.2	5.1	5.2	4.4	5.2	4.3	5.6	4.8
Thr	3.8	3.7	3.2	4	3.5	4.5	3.8	4.3	3.5
Trp	0.9	1.1	1.0	1.1	0.9	1.5	1.0	1.4	0.9
1985	80.4	98.2	78.1	98.2	74.2	100.0	89.3	79.9	83.3
2007 (1-2)	96.2	100.0	76.9	100.0	73.1	100.0	100.0	88.5	92.3
2007 (≧18)	100.0	100.0	90.9	100.0	86.4	100.0	100.0	100.0	100.0

す。他のマメ科タンパク質においては100未満ですが高いスコアを示しています。含硫アミノ酸が少ない緑豆とそら豆は，11S グロブリンを含んでいないためと考えられます。

　マメ科タンパク質に特徴的なことは，他の穀物に不足しがちなリジンを豊富に含んでいるということが挙げられます。

　次に，穀類由来のタンパク質については，リジンが低く，第1制限アミノ酸（必須アミノ酸含量について，その量が所要量もしくは必要量と比較して，最も少ないアミノ酸）になります。

　また，ナッツも食用タンパク質として注目されている食材ですが，リジンは少ない傾向にあります。種子にも第1制限アミノ酸はリジンになります。ナッツも種子も約半分が脂質となっており，多量摂取には向かないと考えられます。

動物タンパク質のアミノ酸スコアはほぼ100です。またアミノ酸スコア以外にも，摂取した場合の吸収効率が評価されており，植物タンパク質に比べて優れていることが報告されています。ただ一般的には，動物性と植物性のどちらが良いというよりも，総合的な栄養価を理解してバランスよく食品を摂取することが勧められています。さまざまな要因によってこのバランスが変化する場合，必須アミノ酸が少なくなることは良くないと考えられます。

地球温暖化対策やSDGsの持続可能性などの背景から，プラントベースフードは世界で急速な投資拡大が起こり，スタートアップ企業（新たなビジネスモデルを開発する企業）や従来からのプラントベース路線に合った企業のグレードアップ商品の開発が盛んです。

表3は，世界のプラントベースフードを販売している企業と商品および主な植物原料を示しています。ソーセージなどが多く，大豆，小麦，エンドウなどが主原料とされ，着色や味的な副原料が施されています。また，代替ミルクではアーモンド，オーツ麦などが注目を集めています。

次に，卵の代替には，緑豆，ひよこ豆，大豆，エンドウなどが使用されています。魚肉の代替には，コンニャクやタピオカなどの多糖類が使用されている例が特徴的です。肉だけではなくて乳代替，卵代替，魚肉代替というような分け方がされています。

これらの穀物や植物をタンパク食材として食品製造の観点から見ると，作物の成分組成のタンパク質含有量の高さは，タンパク質素材の製造効率に関連した課題になります。

以上，大豆について，タンパク質の栄養価が高く，食用タンパク質源として可能性が高いことを示しました。

イ　大豆のタンパク質利用の五つの流れ

欧州では19世紀からドイツの学者が「畑の肉」と言うほど大豆の存在が理解されていましたが，嗜好性や大豆の味があまり良くなかったのか広がらず，20世紀に入って北米，次に南米で大豆生産量が飛躍的に伸び，現在，世界の生産

表3　スタートアップなどのプラントベースを商品とする世界の企業

企業／国	プラントベース商品	原料
疑似肉		
ビヨンドミート（Beyond Meat）／米国	ハンバーガーパティ, ソーセージ, ミートボール	エンドウタンパク質 赤紫色のビーツエキス
インポッシブルフーズ（Impossible Foods）／米国	ハンバーガーパティ	大豆が主, ヘム鉄を製造し, 肉風味を反映
ガーデイン（Gardein）／カナダ	バーガーパティ, チキンナゲット, ソーセージ	大豆, エンドウ豆, 小麦のタンパク質が主原料
ナチューリ（Naturli）／デンマーク	プラントベースミート, ミルク	エンドウ, グルテン, 着色はビーツ, トマト
アルファフーズ（Alpha Foods）／米国	プラントベースミートのピザやブリトー	大豆や小麦タンパク質が原料
モーニングスターファームズ（MorningStar Farms）／アメリカ	ハンバーガーパティ, ナゲット類	大豆タンパク質が主原料
フィールドロースト（Field Roast）／米国	ハンバーガーパティ	小麦や大麦が主原料　キノコ, ニンニク, 玉ねぎ
サンフェドミーツ（Sunfed Meats）／ニュージーランド	チキン, ベーコン, バーガーパティ	黄エンドウ豆が主原料
ベジタリアンブッチャー（The Vegetarian Butcher）／オランダ	バーガーパティ, ソーセージ,	大豆, 小麦が主原料
トーファーキー（Tofurky）／米国	ターキー疑似肉のハム, チキン, ミンチ肉	
代替ミルク		
オートリー（Oatly）／スウェーデン	オーツミルク	オーツ麦が原料
リプルフーズ（Ripple Foods）／米国		エンドウが原料
カリフィアファームズ（Califia Farms）／米国	アーモンドミルク, ヘーゼルナッツミルク, オーツミルク	アーモンド, ヘーゼルナッツ オーツ麦
代替卵製品		
イートジャスト（Eat Just）／米国	植物性マヨネーズ（Just Mayo）, 卵（Just Egg）	緑豆を原料に使用
オッグス（OGGS）／イギリス	卵不使用のケーキ菓子	アクアファバAquafaba と呼ばれる水と豆（ひよこ豆）が原料
フォローユアハート（Follow Your Heart）／米国	ヴィーガンのマヨネーズ, チーズ, エッグ	ヴィーガンエッグは大豆が主原料で粉末状
ゼロエッグ（Zero Egg）／イスラエル		大豆タンパク質とエンドウ豆が主原料
疑似魚肉		
グッドキャッチフーズ（Good Catch Foods）／米国	ツナフレーク（マグロ）	原材料は6種の豆, エンドウ豆, レンズ豆, 大豆, そら豆, インゲン豆
ソフィーズキッチン（Sophie's Kitchen）／米国	プラントベースのツナ, エビ, スモークサーモン, ホタテ, カニなど魚介類	エンドウ豆や玄米, こんにゃくなどを主な主原料とする
マインドブロウン（Mind Blown）／米国	プラントベースのエビ, カニ, ホタテ	こんにゃく粉やタピオカ澱粉が主原料

引用：Tokyo Vegan　https://tokyovegan.net/plant-based-meat/

量は3億t弱にまでになりました。一方，日本の大豆生産は減反政策などと呼応して増えたり減ったりを繰り返し，現在は25万tほどになります。

　これらの大豆が食物源としてどのような流れで利用されているかを順次ご説明します（**図1**）。

　まず，①の脱脂大豆から②の肉の食材の生産に関する流れがあります。大豆全体の約3億tのうち9割は油糧種子として加工され，大豆油と脱脂大豆に分けられます。脱脂大豆は，有用なリジンなど飼料効率を高める飼料として穀物飼料に配合されて利用されます。そして動物性の肉食材に変わり，食物として

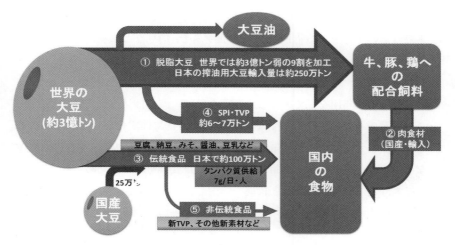

図1　大豆における食物タンパク質源の流れ

供給されます。

　ほとんどが油糧種子としての加工用です。食用として大豆をそのまま食す割合は世界全体で4％程度です。

　飼料から肉食材に変えられるまでには，単にタンパク質の収支を考えた場合，効率が良くないことが指摘されています。固形分としての動物タンパク質を得るために必要な飼料の量は約20〜100倍が必要と考えられます。エコとは言えませんが，肉食のニーズは高く，現実はビッグビジネス，ビッグサプライチェーン（大供給網）として成立しています。過剰な食肉ニーズはさらに大きな飼料のニーズに増幅され，農地の拡張による自然破壊や，家畜の過剰な効率を追求する生産にもつながりかねません。

　日本の国民1人当たりの食品別の供給量は，時代の変遷とともに穀類は4割減り，肉類は8倍，乳製品は約5倍に増加しました。グローバル的にみても，国民の所得が増え，食のスタイルが変われば，このような現象が起こることは理解に苦しくありません。①から②への流れは，さらに世界のどこかで増幅される可能性が今後も高いと考えられます。

次に③の伝統食品の流れです。世界では約1,000万 t が食用とされますが，日本ではその1割である約100万 t が豆腐，みそ，納豆などに利用されていると考えられます。

　しかしながら，日本の古来の伝統食品である豆腐，納豆，みそ，しょうゆについて最近の15年間を見てみると，顕著な増加・減少は見られていません。タンパク質源の消費の流れとしては変化がなく，量的に固定化が見受けられます。

　その理由としては，この伝統食品の食シーンの変化や広がりが限られたものになっていると考えられ，食用大豆を使用した食事を増やすためには，食シーンの拡大，あるいは伝統食品とは異なる嗜好性の高い非伝統食品の開発が必要と考えられます。

　次に，④の脱脂大豆を原料にした大豆タンパク質の利用の流れについてですが，脱脂大豆は，豆から種皮や胚軸を除いた食用脱脂大豆を使用します。国産のものもありますが，大部分は外国産です。この流れでは，SPI（Soy Protein Isolate：分離大豆タンパク質）や TVP（Textured Vegetable Protein：粒状植物性タンパク質）と呼ばれる素材として利用されることが多いです。国内消費は約7万 t と考えられ，世界ではこの20倍以上に上ると考えられます。

　SPI は日本の JAS の規格では「粉末状植物性たん白（大豆）」と呼びます。

　脱脂大豆を原料に水抽出されたタンパク質のうち，主要なタンパク質の pH を酸性に調整することにより不溶化します。これをカードと呼ばれる沈殿物として回収し，加水・中和することで，固形分にて90％以上のタンパク質溶液が調製されます。次に加熱殺菌してスプレードライ（噴霧乾燥）することによって粉末化したものが SPI です。

　SPI の重要な機能として，粉末に水を加えてペースト状，あるいは水と油脂を加えて乳化ペースト状とした生地を加熱することにより，ゲル状に固化する機能を有しています。この保水性や乳化性の特性を食品加工に利用しています。

　SPI をタンパク質補給を目的とした商品に利用している例としては，粉末を2次加工してプロテインパウダーに配合したり，プロテインバーなどのプロテ

イン補給の菓子，プロテインダイエットの飲料，スープの副原料，さらには経腸栄養食の原料などがあります。

次に，TVP は日本の JAS 規格では「粒状植物性たん白（大豆）」に当たります。

エクストルーダーという装置がキーポイントになります。**図2**に示したような円筒状の内部に回転スクリューが内蔵され，加熱制御が可能です。食材を装置の入り口から供給し，円筒内にて高温に熱せられ，かつ高圧せん断にて練られた内容物が円筒出口のダイと呼ばれる小さな穴から常圧に放出されることによって，膨化組織を形成します。原料が穀類などのデンプンであれば膨化スナック菓子が調製され，原料が脱脂大豆や大豆たん白であれば食感が硬く肉に近い膨化組織になります。原料に対する水の量，温度，スクリュー構成，ダイの形状によって，さまざまな種類が調製されます。色は色素の利用によって着

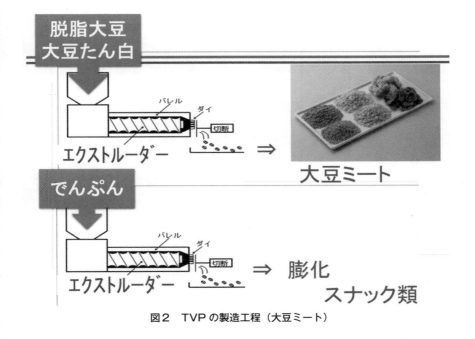

図2　TVP の製造工程（大豆ミート）

色します。

　発売から約40年の歴史がありますが，これまでのほとんどが肉類と合わせて品質の維持および経済的メリットの目的にて使用されてきたものです。言葉は良くないですが，増量剤的な側面も否めず，宣伝には利用されてきませんでした。つまり，経済的側面の他には，肉の食味を損なわない素材というポジションが重要でした。

　ところが最近では，環境問題も含め，グローバル的に TVP の需要が高まっており，国内でも大豆ミートが特色 JAS として検討されているなど，その成長が期待されています。弊社でも，肉と混ぜて使用する従来の使用方法とは別に，肉を使用せず TVP そのものを代替肉として食す目的でビーフタイプのスライス状を発売し，このニーズに向けた挑戦をしています。

　表4に SPI と TVP の国内出荷量を表しました。TVP は2012年から8年間で35％の増加を示し，20年には約3.4万 t，一方で SPI は26％減で約0.8万 t で

表4　SPI および TVP の年間使用量の推移（出荷・自社使用量）

年	粒状 (TVP)	粉末／濃縮 (SPC)	粉末／分離 (SPI)	合計(t)
2012	24,949	669	10,999	36,616
2013	25,934	776	10,027	36,736
2014	27,426	837	9,067	37,329
2015	27,763	922	9,132	37,817
2016	29,656	779	8,912	39,347
2017	30,155	677	8,570	39,402
2018	31,686	657	7,567	39,910
2019	32,829	588	7,459	40,876
2020	33,734	598	8,092	42,424

出典：（一社）日本植物蛋白食品協会調べ，単位（ t ）
※8年間で，TVP は35％増，SPI は26％減（中国輸入品加算で7％増），全体16％増

す。ただし，SPIは海外からの輸入品が増えて30％の伸びを示しており，20年に約2万tになります。国内SPIの0.8万tと海外品を合わせると約3万tになり，この15年間でSPIも7％の増加を示します。海外品とのコスト競争は厳しいですが，ニーズは確実に伸びています。

　最後に⑤の流れについて説明します。⑤は大豆を原料にした新カテゴリー商品の流れです。③の流れで説明したように，日本人にとって大豆製品は豆腐，納豆，みそなど多くの量を取っている意識はありますが，摂取量はほとんど変化していません。食メニューや食シーンが固定されているためと考えられます。そのためには，伝統食品とは異なる非伝統食品を創出する必要があると考えています。動物性の代替食材となるためには，嗜好性も考慮され，食べ方が動物性食材と同等のメニュー・食シーンである必要があります。風味も食感もこれまでの伝統食品とは異なる新しい加工技術が必要です。

　④の流れで先ほど示したSPIやTVPは非伝統のニーズで，言わば新カテゴリーの大豆加工食品でした。④と⑤の違いは，④は脱脂大豆を原料にする，⑤は大豆そのものを原料にするといった違いがあります。ただし，⑤の流れはまだ数量が少ないです。

　新カテゴリーの大豆や豆類の加工食品がSDGsなどを背景に現状より大きく消費を伸ばした場合，健康にも寄与できると考えられます。少し古く，観点の異なる話になりますが，健康日本21に提唱された豆類摂取目標は100g／日であるのに対し，年々数値が減少している事実があります。当初の目標に沿うためには，今の倍量の豆類を摂取することが望まれます。

　それからこうした食品を「また食べたい」という気持ちを呼び起こすことが最も重要であり，そのためには幾つかの課題が挙げられます。大豆を原料にする場合には，風味や物理的適性の向上，適性品種の選択や，国産品に対する消費者の安心感など，脱脂大豆を原料にする場合に比較して利点があるように考えられます。

ウ　今後の課題と可能性

　先ほどSPIやTVPといった脱脂大豆を原料にした素材を紹介し，年間7万tほどのニーズの構築がされています。一方で，嗜好性をさらに上げるためには，食味などの課題でもう一歩踏み込んだ改質も必要かと思われます。脱脂大豆だけでなく，大豆を原料とするメリットも考慮する必要はあると考えます。

　脱脂大豆の育種場面は油を搾るということが目的で育種されていて，脱脂大豆の物理・風味などを目的とした育種開発は主にはされてきませんでした。風味については，大規模で脱脂大豆を作るので，品種をいちいち選んでいられないということがありますので風味における品種選択は困難です。一方，大豆ではいろいろな栽培品種があり風味に適した原料を選ぶことができます。さらにご当地大豆なども視野に入れられます。

　国産大豆を原料に考えた場合，6次産業や自給率は利点があります。国産大豆を利用していると消費者も非常に安心しますが，デメリットとしてはコストが全般的に高いことです。一方，脱脂大豆はほぼ海外品なので，現在は低コストですが，将来，輸入の買い負けかどうかよくわかりませんが，コストが非常に振れてきたりするリスクはあります。

　大豆の物理特性について，品種によってグロブリンなどのタンパク質組成とその量が違うのですが，物理機能に出てきます。高い機能を持つ品種を利用することでゲルの硬さに2倍ぐらいの開きが出てきます。品種選択も大豆原料では加工品質向上の潜在的な可能性があります。また，風味も品種による違いがあると思います。

エ　新カテゴリー大豆加工食品の例

　脱脂大豆ではなく大豆を原料にTVPを調製できます。大豆は国産のものが使用されています。油分が少し残った状態で組織化されているので，やや食感が弱くなることはありますが，風味の点ではメリットがあると考えられます。

　このほか，大豆を発芽させた発芽大豆を原料にTVPを調製したミラクルミートと呼ばれるものは，風味・食感が良いといわれています。

オ　肉の風味を損なわないから代替へ

　肉類と混合して肉の食味を損なわないポジションから，肉類を混合せず TVP 自体を肉類と同等の棚で販売するポジションへと意識付けが変化しています。食肉市場において，ハンバーグは大きい市場の一例と考えます。大豆ミートを掲げて販売されるハンバーグはまだ数量が低く，豆腐ハンバーグの方がハンバーグ市場から見ると大きいです。ただ，今後の 5 年間で大豆ミートを掲げるハンバーグが大きく伸長し，代替肉市場は 2 倍の110億円規模になると予想する調査例があります。この機を逸することなく，購買リピーターの数が増やせる完成度の高い新カテゴリー食品を上市することが重要になってきます。

　一方，肉食の市場規模が大きい EU，北米，アジア圏ではそれぞれ5,000億円規模の市場の成長が見込まれています。日本よりも海外の方がかなり大きな市場になっています。

　肉代替の他にも，新カテゴリー大豆加工食品から見れば重要なカテゴリーがあると言えます。タンパク質補給において選択できる食シーンは，乳や卵があります。

カ　乳，卵の代替例

　次に弊社の例ですが，USS と呼ばれる分画豆乳を低脂肪豆乳と豆乳クリームの二つの製品として主に業務用として発売しています。リポタンパク質と水溶性タンパク質を分画することで，油分含量がコントロールされます。卵は卵白と卵黄に，牛乳は脱脂乳と生クリームに分画されますが，同じ考え方で，大豆も低脂肪豆乳と豆乳クリームに分画します。

　卵や牛乳を分画することで，それぞれの卵や牛乳の場合と比べ全く同様の品質にはなりませんが，例えば低脂肪豆乳については発酵系や調味材としての適性があります。

　低脂肪豆乳と発酵条件を組み合わせることで，チーズのような食味を与える商品も発売されました。相模屋食料(株)から発売された「BEYOND TOFU」

というチーズ様の商品です。

　一方，豆乳クリームはコクの持続性があることが分かりました。これを使用した乳化系では，リッチテイスト感が高まる機能が見いだされました。

　健康日本21のかつて提唱された豆類摂取目標からすれば，現在の2倍の摂取量に相当し，大豆タンパク質への換算では，1日当たり12g（生活習慣病の予防に効果が期待できる量）になります。その量の大豆タンパク質を摂取するためには，納豆半パック，枝豆10g，木綿豆腐50g，豆乳120mL，これは一例ですが，毎日これを摂取するのはちょっと難しいかなと思われます。そこで，食シーンを変えられる大豆ミート，豆乳クリーム，低脂肪豆乳，あるいは豆乳ヨーグルトを合わせると，伝統的食材を全く摂取しなくても12gを無理なく達成できるのではないかと考えています。

　以上，大豆タンパク質の食源の五つの流れについてまとめますと，①から②の流れが9割です。ただ，食肉のニーズが今後世界中で拡大していくと，SDGsや環境問題からは逆行していると考えられます。また，③の流れは日本人にとって，定着かつ不可欠な食品ですが，食シーンの広がりがないため消費量に変化がないと考えられます。④の流れはタンパク質源として新カテゴリーを発展させてきていますが，動物性原料不使用の植物性食メニューにおいて，豊かな選択肢やリピート購買を実現できるような状況となるように，さらなる新たなアプローチが求められます。⑤の流れは，現在は量的に極小ですが，食味など，一般の方のリピート購買への開拓の余地，新たな供給形態などの可能性の伸び代が期待されます。

キ　消費者の意識，志向

　続いて，ウェブで公開されている代替肉，代替タンパク質摂取に関する意識調査，マーケティングリサーチ会社のクロス・マーケティングが実施した調査結果では，これまでに喫食経験がある人の割合は約2割ですが，約半数が「食べてみたい」と回答しています。その感覚は男性よりも女性が高く，これとは別の情報として，富士経済の調査からも，ベジバーガー（肉を含まないバーガー）

の販売側のターゲット層として挙がっているのは健康を意識している女性客です（図3，4）。

　食べたくない理由としては，どんな作り方をしているか不明で，おいしくなくて，割高で，なぜわざわざ食べる必要があるのかというもっともな意見が見受けられます。そのまま現状の課題であると認識できそうです。一方で，低カロリー，つまり美容やファイトケミカル（色素や香りなど植物中の化合物）など健康に良さそうといったイメージが食べたいという欲求につながっています。従って，女性の方の感度が高そうに考えられます。

ク　課題と展望

　持続性や供給性については，大豆は経済性，供給性，栄養価値についてメリットがあります。

　また，大豆ミートなどに

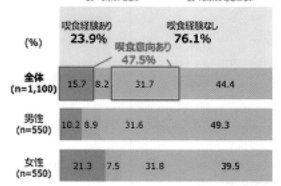

図3　代替肉・代替タンパク質の喫食経験と喫食傾向

（単一回答）

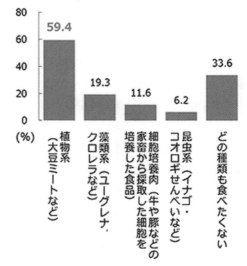

図4　代替肉・代替タンパク質のうち食べたいと思うもの

（複数回答，n=1,100）

代表される新カテゴリーのプラントベースフードについては，注目されていますが，また食べたいと思える豊かな選択肢や食文化を感じさせる実態の創出が最重要な課題のようです。

　コストについては，肉よりも高い場合，価格と満足とのギャップを埋めるための工夫が課題となってきます。従って，さらなる食味に関する技術革新（原料の選択，加工技術，風味制御技術など），さらには市場導入形態の工夫が重要と考えられます。

　安心・安全については，アンケートに示唆された「どんな作り方をしているか不明」といったマイナスイメージを除く工夫も必要ですし，国産，有機など安心できるというところが必要だと思います。

質疑応答・討論

ケ　大豆タンパクのアミノ酸組成

春見　現在，プラントベースフードのプロテインは特色JAS（日本農林規格）として検討されているとのことですが，これはJASの改正に伴ういわゆる新JASのカテゴリーに含めようということでしょうか。

佐本　大豆ミートに関しては，新JASだと思います。

春見　大豆のタンパク質のアミノ酸スコアは2007年の方がより正確な値かと思うのですが，コーデックスの中での扱いとして，従来（1985年）の値での取り扱いがなされている現状では，特に問題がない限り，この値を使った方がいいという考えなのでしょうか。

佐本　日本食品分析センターが公式に出すアミノ酸スコアが1985年版しかなく，恐らくコーデックスの会議がそれ以来開かれていないようで，85年版が今のところ妥当だろうとの考え方だと思います。

座長　変える必要がないというのは，大した違いではないからということですか。

春見　実質的に栄養評価や健康に影響するような変化ではないので，変えたところであまり意味はなく，既に普及しているものを混乱させる必要はないと

いうことだと思います。

コ　大豆加工品の原料

吉田　グロブリン含量の高い大豆の話が出ていましたが，特殊な大豆ですか。

佐本　特殊な大豆もあります。水分を含まない大豆の100ｇ当たりの量からいくと45の半分が22.5ぐらいですね。なので，この半分の値が調べた大豆品種のおよその平均的なものです。

春見　米国で使われている大豆加工品の原料は，自国で取れる脱脂大豆をそのまま使っていますか。

佐本　そうです。米国は輸出するほどあるので，自国でSPIを作っています。ただSPIの輸入品も量的に把握していませんが，あると考えます。

サ　大豆の育種

春見　プラントベースのプロテインを作る場合の大豆の育種研究はどのように進んでいるのでしょうか。

佐本　米国では育種が結構盛んで，豆腐の原料もかなり扱っているので，物性とかの品種改良はあります。一方，GMO（遺伝子組換え作物）大豆で，非食品と割り切ってやっている部分がかなり多くなっており，GMO大豆では反収がどんどん上がってきています。燃料にも大豆を使うぐらいの勢いなので，食品とは全然違って，流れでいえば①②ですね。餌として割り切って，あと油は工業的にみたいな感じです。カナダはまだ食品用の大豆に力を入れているところもあります。

座長　カナダの方が食品で育種を考えるということですが，米国との違いは？

佐本　どうしても北の方が気候的に単収が落ちてGMO大豆の単収などには勝てないので，食品で付加価値のあるものを作って日本にも紹介され，品質は米国に負けていないという主張をしています。

大谷　農研機構は大豆育種のための遺伝資源をかなり持っていて，数年前からカナダと中国から共同研究の申し込みがありました。大切な資源なので全部

断ってきていますが，カナダの話を聞いてなるほどと思いましたし，中国も当然それを考えているという状況にあると思います。

佐本　中国とカナダの共同が進むと日本は置いてきぼりになります。しかもカナダは育種のスピードがすごく速いです。

大谷　遺伝資源の話は，きっちり日本が確保して，あるいは共同研究するにしても権利を確保するのが重要だなと思っています。

シ　GMO との分別

吉田　日本の場合，油を搾る大豆についても一応 GMO と分別流通したものを使っていると思うのですが，やはりこれは年々難しくなってきているのですか。

佐本　IP ハンドリングで契約上，非常に低いコンタミ（混入）率を維持しており，難しい管理はずっとしています。

吉田　米国では GMO が多いですから，IP ハンドリングのものが確保しにくくなるという状態にはなってきていないのですか。

佐本　今のところそれは聞いてはいないです。トラブルになったことはありますが，そのときはちゃんと見直して，関係者が現地に行ったと思います。表示の方が結局，遺伝子組換えでないということは言えないという混乱が出てきて，努力をして費用をかけて非常に低いレベルを維持しているが，それが言えないとなると，どういう差別化で表示したらいいのかというのはありました。

ス　脱脂大豆を原料にした大豆タンパク質

吉田　脱皮・脱胚軸処理した脱脂大豆を使うということですが，油を取るときに皮なり胚軸は取っているという意味ですか。

佐本　そうです。溶剤で脱脂する前処理として皮，胚軸を，衛生的な面でも健康的な面でもいいということで取っています。

吉田　油を取るところで溶剤を使いますが，タンパクを取るときに大きなコストを掛けずに簡単に溶剤を除けるのですか。

佐本　除けます。安全の面でも，全部取り切らないと輸送もできないので，そ

れはほとんどないレベルまで脱溶剤します。

座長 発芽大豆を原料に使用した場合の風味と食感が決め手になるかと思うのですが。これはどの程度進んでいるのですか。

佐本 風味はいいと評価されていますが，市販でどういうふうにこれが評価されていくのか見ていかないといけません。

座長 テレビで見ていたら，食感で，噛み応えもかなり重要かなと思ったのですが，それも今スタートしたところですか。

佐本 ベースはあるのですが，まだ余地はあると思います。40年近く弊社は食感の改良もしてきましたが，またそれとは違った見方がこれから始まるのではないかと思います。そういう研究は重要ですね。人間は実際に食べてみると全然反応が違いますので，プレゼンとかでいくら説明しても「それはどんな味？」と言っていて，食べて「ああ，こうですか。はあ」となるようなものを作らないと，やはり皆さん買う気にもならないし，作り手も，投資して作ろうという気にならないかもしれないです。

セ　新たな大豆加工食品

春見 乳原料不使用のチーズ風食材「BEYOND TOFU」がある専門店で売っていて，買って食べてみたらかなりおいしいのです。ちょっと加熱したり焼いたりしたら，本物のチーズと分からないぐらいおいしい。発酵技術をもうちょっと活用すると，例えば沖縄の豆腐よう，あれは乳酸菌ではなくてこうじ菌なのですが，伝統的な発酵食品の需要が伸びない中で，発酵技術をそういった所に使うと，大豆の臭みが抜けるとか，新たな風味が付与できることが考えられるので，一つの方向性としていいのではないでしょうか。

座長 伝統的なものだけではなくて，新しいものを作るために，低脂肪と発酵の組み合わせは是非やってもらいたいですね。

春見 伝統技術で生かせるものがあれば，そういうものをうまく使って他の方向へ振り向けていくことも大事かなと思っています。

大谷 世界の大豆の90％が飼料向けということですが，大豆油用は需要とマッ

チしているのですか。例えば油の方が余っていて飼料の方が非常に引きが多いとかありますか。

佐本 食用以外に使おうというのが大豆インクですし，バイオ燃料も出てきているので，だぶついているのは油かもしれません。

大谷 そうすると，次の展開も考えられる気がしました。確かにバイオ燃料にするか，燃すか，食べるかみたいな議論はありました。

ソ　丸大豆の利用

大谷 次に④と⑤の丸大豆を使ってやるという方向は，世界で見ると，日本以外でいろいろ研究したり関心を持っている国，あるいは市場としていけそうな国はあるのですか。

佐本 丸大豆を圧搾しながら組織化するという機械があるので，これはまだ発展していないアフリカなどの国でそういう事業が起こっています。これは加工度が低いので注目されています。これはやはり品種を選んでいるのではないかと思います。あまり価格の高い品種は使えないので，手頃なものから選択されていると思います。乳酸菌も適性のあるものはあると思います。

　分画についてはコストが高いし，設備がたくさん要るので，これは他ではなかなか作れないと思います。

大谷 日本の強みはそういう丸ごとという所かなという気がします。そのための品種はある程度持っているのでしょうか。やはり日本が全体の中でどういうポジションにいるかというのはすごく重要ですね。技術的なバックだとか資源のバックだとか。品種を握っていれば日本で作らなくてもいいという考え方もありますね。

タ　大豆ミート・加工食品の消費拡大

石川 日本人の代替肉，代替タンパク質を食べたい理由と食べたくない理由は納得できるのですが，一方，海外，特に米国だと，環境に良いからという理由が非常に高いかなと思います。日本だと大豆の伝統食品があるので，わざわ

ざ肉っぽくして食べる理由はないかと思うのですが，海外だと大豆を食べる習慣がないので肉に似せて食べるというのは納得できます。日本で肉っぽくして食べるという点は，それまで大豆を伝統的に食べていたからこそ，普及が難しいという気がします。

佐本 海外にはものすごく肉を食べている人がいて，「健康に悪いよ」と言う人もいたり，あとベジタリアン（菜食主義）とか宗教とか，主義主張の塊のような方がいたりするので，そういう方は納得すればそれを食べ続けるのではないかと思います。

　日本は主義主張というよりは，食べたいものを食べるという自由度が重要なのかなと思っています。特に「私はこれは食べません」という主義主張はそんなにないと思っています。そうすると，何かメリットがないと手を伸ばしません。おいしければいいのですが，ちょっとおいしくないなといったときに，健康だということを言わないと，なかなか動機付けになりません。

　健康日本21で，みんな大豆を取っているように思いますが，豆腐やみそ，しょうゆだと全部薄い状態で食べているのでそれほど取れていません。そうすると，生活習慣病防止の観点からも摂取拡大の動機付けにしていただけたらと思います。

　あと食べ方も肉だけではなく，チーズ，お菓子，デザートや飲料などいろいろな品目に広げることで，いつの間にかタンパクを食べているという方が日本での摂取拡大にはいいのではないでしょうか。タンパク摂取量は，2000年ぐらいをピークに減ってきているのでこうした取り組みは重要と思います。ステーキも食べたいが他のものも結構食べるというような食習慣の中に浸透していけるようなさまざまな商品を作っていくのがいいかと思っています。そのためにも，おいしいものでないといけないと思います。

石川 リピート購買とか，また食べたいと思わせるようなという話がありました。次食べてくれないというのは，おいしくないと思う人が多いからなのでしょうか。

佐本 まずくもないが，おいしくもないというか，パンチがないとまた食べた

いと思っていただけないのではと思います。例えばカレーなどがそうですが，がつっとくるような味。あれはまた食べたいというように。そのパンチ力をいかに作るかということですが，大豆はもともとそういう風味はないので，何か付けないといけないですね。

座長　今，とてもいい論議をしていただきました。日本人はあまり理屈では動かないところがありますが，テレビなどで見るに健康志向は今すごく高いと思います。

　それから，若い人中心なのですが，SDGs との関係では相当いけると思います。この2点は，これまで日本ではなかった理屈で，これでいくというのはいいのではと思います。

　ただ，やはりおいしくなければ駄目で，風味と食感に尽きるのではないかと思います。これは何かの代わりだとそれをまねしなければいけないわけですが，何かの代わりではなくて風味とか食感を考えたらどうかという気がします。この会議が始まるときにいろいろな方のご意見があって，何しろ畜産と対立するような形の食用タンパクではない方がいいというご意見がありました。タンパク質が足りないというのだったら，別に畜肉をやめろということではなくて，もっと畜肉以外のタンパク質を取ろうではないかという話が，理屈として言えるのではないかと感じます。

春見　このアンケート結果は，私はかなり前向きに捉えたいと思います。半数の人は食べてみたいと答えていて，しかも男性よりも女性が高く，健康を意識した女性客となっています。米国の男性は女性化しているという話があったのですが，昨日もテレビで，男性もどんどん女性化しているという話を取り上げていました。この女性の意識・トレンドというのは必ず男性の方にも来ると思います。半分の人が食べてみたいと考えているのだったら，これはむしろ大きなチャンスであり，先生のお話のように，味，風味，食感といったものが大事ですね。

佐本　豆腐ハンバーグというのは豆腐をイメージして，ああ，そのままだなと思うのですが，新カテゴリーはそれだけだと駄目なので，こんな食感にしたい，

これとは違うものだと認識されないといけないと思います。

座長　最近，世の中を変えていくのは女性と若者ですよ。パンの世界ではフランスパン的な硬さも以前に比べると非常に好まれてきました。豆腐みたいに柔らかいものも出てきていますが，逆に硬い豆腐というのもあり得るのでは。

古在　大変面白い話を聞かせていただいたのですが，私が期待していたほどは急激に普及しそうもないなと感じました。私は代替肉，ハンバーガーのパテとか，ソーセージとか，鶏肉のナゲットとかに興味があります。今のところはどちらかというと発酵食品などの方に関心があるようで，それだと結構時間がかかる感じがしました。

　また大豆をタンパク質食料にしている限り，結局，当分は輸入大豆に頼らざるを得ないということです。先ほど品種はいいものを持っているという話もありましたが，大豆そのものの生産，食品としての大豆も併せていかないと，日本にはなかなかプラスにならないのではないかと思いました。

　それからもう一つ，おいしい，まずいの話がかなり出ていましたが，私は，おいしい，まずいは数年でがらっと変わるのではないかと思っています。水産養殖の方では，おいしい，まずいは主に餌で決まるのですが，今は養殖も天然物も区別がつかない，場合によっては養殖の方がおいしいという人が徐々に増えだしているそうです。ところが代替肉の方は，いろいろな混ぜ物をいくらでもできるので，味だけではなくて食感とか質感とか，ある意味では自由に変えられるわけで，さらに最近は一流レストランのシェフが食品の味付けに関わるということもあるので，もうちょっと大きな社会的背景，つまり健康にいいとか農業を守るとか環境を守るとか，そういう社会的な雰囲気が醸成されれば，味の方は追い付いていくのかなという感じはしています。

　ですから，一応この委員会を発足するときに，日本の畜産業界と競合しないようにという条件が付いたのですが，慎重に考えなければいけない問題ではあるものの，あまり今，これはまずいとか，その辺に重点を置いてしまうと，後でもったいないことになるかなという気がしました。

チ　大豆ミートのコスト

小栗　コスト，経済性のことを考えたときに，昔からよくあるように牛肉は11kgとか豚は7kgとか，鶏は4kgとか，要するに餌がいっぱい必要です。そういうことから考えると，代替肉は，加工コストはかかるのですが，大量生産してコストが下がったときには，牛肉や豚肉，鶏肉よりは相当程度安い価格で供給できると考えてよろしいのですか。また安い牛乳や卵について代替のものとの将来コストの想定はどうなっているのでしょうか。

佐本　まだ技術的な課題はあるのかなと思っています。まず大豆だけでいうと今は価格が高いです。

小栗　では，やはりコストでは勝負にならなくて，最後は健康性など，別の要素での勝負になるということですか。

佐本　そうですね。単収が多くてタンパク質も多い品種があればと思います。風味も大豆の品種によって差が結構あるので，まずはそういう原料が欲しいと思います。

　加工についてコストがかからないようにするためには，ある程度のまとまった量をシンプルに加工していく工夫が要ります。順番としては，原料や新しいものが日本にあって，コストが安くて，ではシンプルな製法はどうしますかということでまた知恵を出して，最後にできたものがこれはいいということになると，今度はそれを市場に出す人たちがいろいろ前向きなことをやって，その結果，最後にどうなるかということだと思います。

②代替タンパク資源としての国産大豆利用の可能性について
―研究開発の立場から―

羽 鹿 牧 太*

はじめに

　2021年12月2日に第3回食用タンパク質研究会を開催し，（国研）農研機構東北農業研究センターの羽鹿牧太所長より「代替タンパク資源としての国産大豆利用の可能性について―研究開発の立場から―」と題して発表の後，意見交換を行いました。以下，その概要を紹介します。

話題提供

ア　世界の大豆生産と日本の大豆生産

　1961年ごろの大豆はまだマイナー作物の一つにすぎず，東アジアでの消費が多くて，米国などでもようやく生産が伸び始めたというところでした。それが70年代，80年代を経てどんどん増えてきました。

　具体的な数値でいえば1961年を100とした場合，生産量は大体5倍になっており，作付面積の伸びは，トウモロコシ，あるいは米や小麦などに比べてもはるかに大きくなっています。（**図1**）

羽鹿　牧太　氏

　収量についても，他の作物もそれなりに増えてはいますが，大豆は1961年の単収を100とした場合，現在350ですから，3.5倍ほど伸びており非常に収量の伸

＊はじか　まきた　農研機構東北農業研究センター所長（当時）

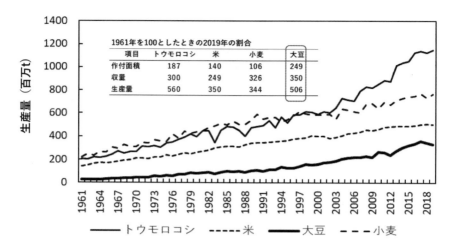

図1　世界の穀物生産の年次変化

(FAOSTAT から作成)

びは大きいです。大豆は作付面積，生産量が大きく増えている作物なのです。

　国産大豆の生産について，1961年ごろは輸入自由化の前だったので作付面積が30万 ha ぐらいで40万 t 弱の生産量がありました（**図2**）。その後，70年代に輸入自由化が始まり，どんどん作付けは減りました。イネの転作が開始されたのは，大豆の作付面積が10万 ha にまで落ち込んだ頃になります。

　その後，水田での大豆生産がだんだん増えてきたのですが，1993年の冷害に伴う転作作物からイネへの再転換もあって，最近では15万 ha 弱の作付けになっています。生産量についてはほぼ面積の増減に従ってきています。

　世界的にはこの間に単収が3.5倍に伸びたので（**図3**），面積が一緒であってももっと生産量が伸びても不思議ではなかったのですが，実際にはそうなっていません。大豆単収をみると，全国平均は150kg/10 a 前後ですが，地域別に見ると大きな差があります。北海道は200kg を超えるような単収を上げているのに対し，それ以外の地域，都府県は平均すると120kg 前後にとどまり，全体として伸び悩んでいるという状況です。（**表1**）

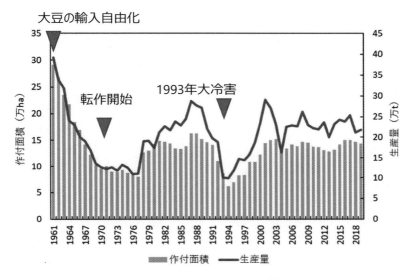

図2　わが国の大豆作付面積と生産量の推移

（農林水産省調べ）

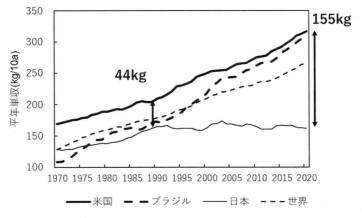

図3　世界主要国の大豆単収の伸び（左）

（FAOSTAT から作成，当年を含む過去10年平均を平年単収とした）

表1　地域別の大豆生産量（2019年）

地域	作付面積(ha)	単収(kg/10a)	生産量(t)
北海道	39,100	226	88,400
東北	35,100	148	52,100
関東	10,100	114	11,500
北陸	12,400	148	18,400
東海	11,600	102	10,100
近畿	9,410	107	5,020
中四国	4,810	104	5,020
九州	21,400	97	20,400
全国	143,500	152	217,800
都府県	104,400	124	129,400

（農林水産省調べ）

　大豆の消費量は350万 t 前後ですが，そのうちの250万 t ぐらいが搾油，食料としては100万 t ぐらいになっています。食品用の中では豆腐に半分ぐらいが使われて，みそ，納豆などがそれに続くという形です。

　消費大豆の大半は輸入です。全体の消費量の350万 t のうち，国内で生産しているのは20万 t そこそこで，自給率は10％を切っています。ただ，食品用としてだけで見れば自給率は20％前後で，国産大豆は高価格帯の食品用に使われています。搾油のような低価格のものについては，国産大豆では採算に合わないということです。

　国産大豆は実需者から人気があり増産が望まれていますし，また補助金がありますので，真面目に作れば米よりも明らかに収入がいいはずなのですが，大豆は取れないという意識が農家にこびり付いていて，そこを改善しない限りは面積も伸びないし単収も伸びません。

　もう一つ大きな問題として内外の価格差があります。大豆の輸入価格と国産大豆の入札価格を比べると，米国産，ブラジル産，カナダ産などは遺伝子組み

換えの搾油用が含まれますので一概には言えないのですが，ほぼ食品用に限られる中国産が6,000〜7,000円ぐらいで入ってきていることを考えると，非遺伝子組み換えの食品用大豆の価格は5,000〜8,000円程度で取引されているのではないかと思われます。

　全国平均の生産費は60kg当たり2万円を少し超えるくらいで，5,000〜8,000円の輸入非遺伝子組み換え大豆に比べて4倍ぐらいの価格差があります。このため単収増とともに，高付加価値化も考えていく必要があるのではないかと思われます。

イ　国産大豆の低収要因

　国産大豆の低収要因にはどんなものがあるのでしょうか。目立って大きいのは低温，寡照，いわゆる冷夏です。このほか台風による冠水，倒伏，長雨による播き遅れ，そして高温，干ばつなどがあります（図4）。

　低収の原因には見えないダメージもかなり多くて，ダイズシストセンチュウの寄生や黒根腐れ病などの病害などによっても単収が大幅に減ってしまいます。

　2013年の低収要因の解析調査を見てみますと，大豆の低収に影響を与えている要因として，湿害，黒根腐れという土壌病害，それか

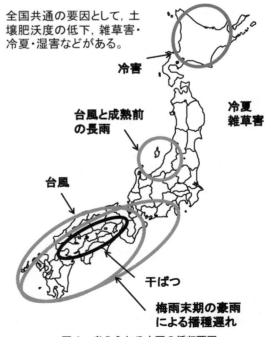

全国共通の要因として，土壌肥沃度の低下，雑草害・冷夏・湿害などがある。

冷害

冷夏
雑草害

台風と成熟前の長雨

台風

干ばつ

梅雨末期の豪雨による播種遅れ

図4　考えられる大豆の低収要因

傾斜化圃場

カットドレーンなどの排水対策

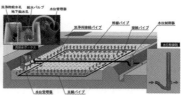
地下灌漑システム(FOAES)

図5　大豆収量向上を目指したさまざまな栽培技術
（農研機構島田信二氏提供）

ら土壌の全窒素量，整粒比率，収穫ロスといったものがあります。

　そして，既にこういった課題をクリアするためにさまざまな栽培技術が開発されています。例えば排水不良に対しては，少し圃場を斜めにして排水を良くする傾斜化圃場やカットドレーンのような排水技術，FOAES（フォアス）という水を抜いたり入れたりするのを非常に簡単にできるという地下かんがい技術などもできています。20年ほど前に全国各地で大豆の増産を目指していろいろな技術が開発された「大豆300A技術」もあります。さらに雑草，病害虫対策についてもさまざまな技術が開発されてきました（**図5**）。しかし，残念ながらこの30年ほど，日本の大豆単収は全国平均150kg前後で全然伸びていません。

　個別の技術も大事ですが，現在は各対策の要否，必要程度を示すマニュアルが出ていて，その技術をどう生かすかというソフトの面が重要視されています。こうした技術の適用の可否を判断するアプリなども開発されており，栽培技術から，臨機応変に対応をしていくというのがこれからは重要になってくるかと思います。

ウ　品種育成から収量向上を図る

　ここから本題の品種育成から収量向上を図ることについて考えます。まず海外品種から考えると，米国の大豆品種は国産大豆と比べると，小粒で，へそ色が褐目，くすんだ種皮色，楕円体など，外見上は非常に劣るものが多いです。海外では倒伏や病虫害が少なく，単収さえ良ければいいというシンプルな選抜

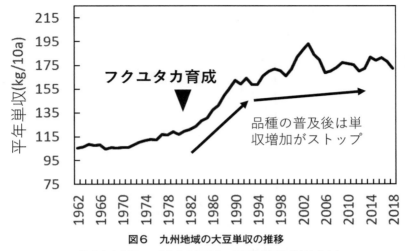

図6　九州地域の大豆単収の推移
（農林水産省調べ，当年を含む過去10年平均を平年単収とした）

がなされ，多収化という点では非常に合理的な育種目標となっています。

　さらに品種の育成サイクルが早いです。日本では例えば「フクユタカ」など
は半世紀近く使われていますが，彼らは新しい品種を次々に作って，どんどん
更新していくという育成サイクルを進めています。

　生産者も自分の所に合った品種をどんどん選定して，悪いものはどんどん捨
てていきます。大体，毎年品種を代えてしまうので，同じ圃場で同じ品種が2
年以上栽培されることはほとんどなく，数年も続けるというのは，なんて進歩
がないのだと言われるぐらいです。

　かつては日本にも同じようなことがありました。例えば，九州の大豆単収の
推移を見ると，大豆単収は1950年代，60年代は横ばいだったのですが，79年に
「フクユタカ」が育成され，普及すると一気に単収が20〜50％伸びて，そして普
及し終わった後の単収は横ばいになりました（**図6**）。また北海道ではストレ
ス耐性，耐病虫性，機械化適性などを強化した品種の育成と普及，栽培技術の
向上などにより，年々単収の向上がみられます。このように，品種交代を定期
的に行うことで単収が伸びるのではないかと思われます。（**図7**）

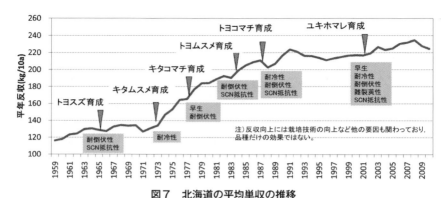

図7　北海道の平均単収の推移

（農林水産省調べ，当年を含む過去10年平均を平年単収とした）

ア）　新たな育種技術の進展

　新たな育種技術というのがここ20年ほどでどんどん発展してきました。一つ目は，ゲノム技術がもたらす育種です。私が大学生の頃は遺伝子配列がなかなか決められなくて，ほんの少しの配列を決めるだけでも論文１報，あるいは学位論文まで書けるぐらいの状況だったのですが，現在はゲノム解析に要する時間や費用は減少し，あっという間に読めるようになりました。ヒトゲノムを読むときには大勢の研究者が関わって，何年もかかりました。イネゲノムも解読に10年近くかかりましたが，今では同じようなものを読むだけであれば，本当に１カ月もあればきっちりと読み切れるぐらいのところまで来ています。そして，さまざまな作物あるいは生物に対するゲノムの情報も充実しており，例えばイネの情報から大豆の類似の遺伝子を推定することもできます。

　ゲノムというと，まず頭に浮かぶのが遺伝子組み換え大豆です。現在，大豆については，９割以上が既に遺伝子組み換え（GM）大豆になっており，非遺伝子組み換え大豆は本当にわずかになってきています。トウモロコシなどの作物にしても同様な状況であり，大量生産して食品として使わないものについてはどんどん遺伝子組み換えが入ってきています。米国，ブラジル，アルゼンチンなどの大豆の単収向上にも遺伝子組み換え技術はかなり力を発揮しているもの

と思います。例えば，普通の大豆はグリホサートをかけると枯れてしまいますが，除草剤耐性大豆はかけても枯れないので，大豆の中に雑草が生えていても，薬剤散布するだけであっという間にきれいになります。ただ，遺伝子組み換え技術に対する消費者の不信感は根強く残っていて，今，もし国産大豆に遺伝子組み換え技術を使ったら，恐らく消費者からは受け入れられないと思います。ですから，遺伝子組み換え技術は，今は国産大豆の育種に取り入れることは難しいのかなと思います。もし取り入れることができるとするならば，緑肥への利用とか，医薬成分や機能性成分の生産で使うなど，食品として直接利用しない用途などを考えないといけないと思います。例えば畜産などで過剰な窒素が問題となっている所に，遺伝子組み換え大豆を植えて過剰窒素を吸収させて，それを飼料としてまた畜産に戻すような間接的な食品利用などが考えられると思います。国産大豆は直接口に入る食品利用がほとんどですので，現在のところ日本の育種現場では，遺伝子組み換えは使われる状況になっていません。

　代わりに最近注目を浴びているのがゲノム編集技術です。ゲノム編集技術は特殊な方法を用いてゲノムの任意の場所に変異を入れる技術です。特定の配列にのみ結合するはさみのようなものを作って，狙った位置に変異を起こさせ，変異が生じたらはさみをぽろっと外してしまえば，結果は普通の突然変異と変わりません。結果が突然変異と区別できないゲノム編集技術は，遺伝子組み換えとは異なる取り扱いになりましたので，これからどんどん品種改良の技術として利用される可能性があります。

　最近では，いよいよゲノム編集で開発されたトマトが商品化されるという話を聞いていますし，大豆についても，海外での話になりますが，例えばこれまでの遺伝子組み換えでの高オレイン酸ではなく，ゲノム編集での高オレイン酸大豆といったものが実用化されて，どんどん増えてきているところです。ただ，ゲノム編集技術についても，培養を経てそこから植物体を再生する必要があり，やはり大豆の場合はイネほど簡単にはゲノム編集できないようです。

　ゲノム編集技術のもう一つの弱点としては，目的の遺伝子が分かっていて，その遺伝子のどこを壊せばいいかということが分かっていないと使えない点で

す。また遺伝子組み換えは，ほかの生物から遺伝子を持ってこれますが，ゲノム編集は遺伝子を壊すことしかできないことも大きな違いです。

　今，育種技術として最も使われているのがDNAマーカーです（**表2**）。DNAマーカー選抜は，目的の遺伝子自体あるいはすぐそばにある増幅可能な配列を目印にして選抜する手法です。これまで，例えば病害虫抵抗性であれば，実際に病原菌を接種して病気になったものを捨てて，病気にならなかったものを選んでいたのですが，やはりどうしても時間がかかります。しかも，幾つもの遺伝子を同時に検出しようと思うと，一つ目の病害抵抗性の選抜をすると，二つ目の病害抵抗性の選抜は次の世代でないとできませんでした。しかしマーカー選抜ではDNAを1回採取すると，マーカーを変えることでいろいろな形質を調べることができます。しかも，この操作自体は非常に簡単で，大学生でもマーカー情報さえあれば簡単に選抜ができるので，これまで熟練の技が必要だった形質測定や生物検定の必要がなくなります。

　マーカー選抜の一つの例を挙げておきます。最近育成された大豆の莢（さや）がはじけにくい難裂莢品種群は，DNAマーカーを使って開発された品種です。大豆は成熟期に収穫できずに圃場でほったらかしにすると，1カ月もすると大半が

表2　これまでに開発された大豆のDNAマーカー

マーカーが利用できる特性	遺伝子座	参考文献	
開花期遺伝子	*E1, E2, E3, E4*	Watanabe, *et al.* (2012) Breed. Sci. 61(5)531-543.	収量関連遺伝子
伸育性	*Dt1*	Liu, *et al.* (2010) Plant Physiol. 153:198-210	
難裂莢性	*PDH1*	Funatsuki, *et al.* (2006) Breed. Sci. 58:63-69.	
短節間性	*qSI13-1*	Oki, *et al.* (2018)Breed. Sci.68:554-560.	
低温着色抵抗性	*Ic*	Ohnishi *et al.* (2011) Theor. Appl. Genet. 122:633-642	
種皮色	*I*	Todd and Vodkin (1996) The Plant Cell. 8：687-699.	
モザイク病抵抗性	*Rsv3, Rsv4*	Jeong, *et al.* (2002), Gunduz et al. (2004)	病虫害関連遺伝子
ラッカセイわい化ウイルス抵抗性	*Rpsv1*	Saruta *et al.* (2012) Breed. Sci 61:625-630	
シストセンチュウ抵抗性	*rhg1, rhg2, Rhg4*	Suzuki,*et al.* (2012) Breed. Sci. 61:602-607	
ハスモンヨトウ抵抗性	*CCW-1, CCW-2*	Komastu, *et al.* (2005), Crop Sci. 42:2044-2048.	
		Uchibori, *et al.*(2009) Mol. Breed. 23:323–328	
		Kim, *et al.* (2010) TheorApplGenet 120:1443-1450.	
		Gordon, *et al.* (2006) Crop Sci. 46:168-173	
		Benitez, *et al.* (2010), Crop Sci. 50:1-7.	
		Ishikawa, *et al.* (2006) MolBreed. 17:365-374	
		Tsubokura, *et al.* (2012) PlantMolBiol 78:301-309.	

遺伝子または近傍の配列に基づいて開発された主要マーカー。他にも多くのマーカーが利用されている。

はじけてしまいます。また極端に乾燥した状態で機械化収穫をしますと，機械に莢が触れた際に莢がはじけて脱粒が生じ，場合によるとその損失は無視できないほど大きくなります。愛知県で2000年ごろに実態調査したものをみると，年によっては10 a 当たり250kg ぐらい取れているはずが，実際には200kg しか取れていなくて，20％ぐらいの収穫ロスが出ていました。

この大豆の莢のはじけやすさを DNA マーカーで改良するということが行われました。難裂莢性の遺伝子をもった個体をマーカーを使って選抜し，その個体を元の品種に掛け合わせることを何度も繰り返す「連続戻し交雑」という手法で，必要な遺伝子だけを元の品種に入れることができます。この技術を使って主要な国内品種に難裂莢性を導入した品種・系統群を開発したのです。「フクユタカ」に難裂莢性を導入した「フクユタカ A1号」の例では，裂莢しにくい性質を入れるだけで収穫ロスが大幅に減りました［**図8**，**写真1**］。

難裂莢性を導入すると，ヘッドロス（頭部損失）などが全部なくなるわけではない

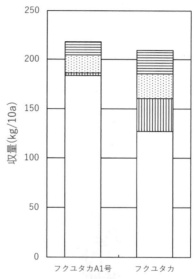

図8　難裂莢品種の開発による収量向上

写真1　難裂莢品種の開発
(左：フクユタカ，右：フクユタカ A1号)

のですが，元の品種と比べて損失がかなり抑えられて，実質的には40kgほど単収が向上しました。難裂莢性を導入した「フクユタカ A1号」「えんれいのそら」「サチユタカ A1号」「ことゆたか A1号」は元の品種を置き換える形で普及を進め，現在合計1万 ha ぐらいまで栽培面積が拡大しています。

イ）　多収化に向けた品種開発

　直接多収化に向けた品種開発というのも行っています。日本品種は，病虫害とかがなくても，海外の品種に比べて遺伝的に少し低収です。それはなぜかというと，日本品種は海外の品種に比べると遺伝的多様性がかなり狭いためと思われます（**図9**）。この背景には，これまでの日本の大豆育種で，粒がある程度大きいものでないと駄目，あるいはきれいなものでないと駄目といった，いわゆる日本人好みの外観形質にかなり固執した品種育成が進んできたということがあります。遺伝的に近いものが親に使われてきた結果，遺伝的な多様性が非

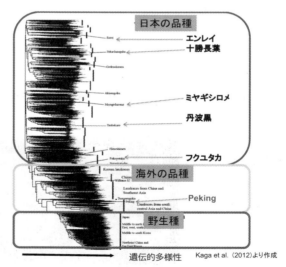

図9　大豆品種，野生種の遺伝的多様性

（農研機構　加賀秋人氏原図改変）

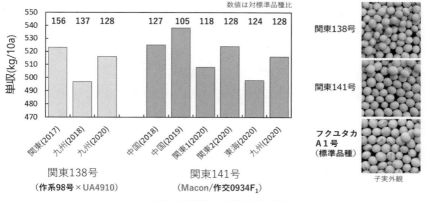

図10　極多収大豆系統群の開発

関東138号
（作系98号×UA4910）

関東141号
（Macon/作交0934F₁）

常に乏しくなっており，これが一つの弱点になっています。このため，海外の多収品種を取り入れて積極的に多収化を目指していくということが試みられました。これは2016〜20年に農林水産省の「革新的技術開発・緊急展開事業（うち先導プロジェクト）」で取り組んだ研究になります。500kgというのが目標単収ですが，例えば「関東138号」や「関東141号」などは，地域によっては500kgを超えるようなデータが出ていますし，標準品種との比較でも30％以上アップとなっています（**図10**）。ほかにも地域ごとに500kgを目指せるような育種素材がかなりできており，海外品種に負けない単収を示すような品種育成が進んでいます。

エ　国産大豆の付加価値向上に向けて
ア）　超高タンパク品種開発は可能か

これまで単収向上について述べてきましたが，単収向上だけではせいぜい海外品種の2倍ぐらいまでしか価格差を縮めることができません。そこで輸入品との差別化のために高付加価値化が必要となります。その一つとして私たちは，「超高タンパク品種」を考えています。現在，日本の品種の中で一番の高タンパクは「サチユタカ」で46％前後のタンパク質を含有しています。

それをもっと大きく超えるような系統ができないかと，タンパク選抜を繰り返して作ったのがタンパク含量が50％に達する「関東130号」です。この系統は裂莢しやすかったので，品種にはならなかったのですが，同じような選抜で超高タンパク含量を示す後継系統も作られて試験に供されています。

　遺伝資源を調べてみると50％を超える品種もかなりありますが，その大半は大豆の野生種であるツルマメで，すぐに使えそうなものはそんなに多くありません。このため，「関東130号」のような超高タンパク系統は育種素材としても比較的使いやすいと思っています。それをさらに超えるものとなると，先ほどのツルマメなどの遺伝資源から地道に遺伝子を入れていかなくてはならないと思います。ではタンパク含量が最終的にどの辺までいけるかというと，遺伝資源のデータでは最高55％ほどあるので，それぐらいまでは可能と考えています。

イ）　大豆の貯蔵タンパク質の改良

　大豆タンパク質の含有量は55％ぐらいが限度とすれば，今度は質を改良できないかと研究が進められています。大豆の貯蔵タンパク質は，大体6割がいわゆる貯蔵タンパク質で，残りの4割はリポタンパク質とされています。リポタンパク質は膜に付いているタンパク質でこれ自体は使いづらいので，貯蔵タンパク質が食品に使われる主なタンパク質かと思います。

　大豆タンパク質を電気泳動で流したものをみると，主立ったバンドの所がタンパク質ですが，一番上は青臭さの原因酵素であるリポキシゲナーゼです（図11）。それから次の三つは7Sグロブリン（以下，7S）で，これはαとα'およびβの三つのサブユニット（たんぱく質複合体の構成単位となる単一のたんぱく質分子）からなります。7Sグロブリンは「β-コングリシニン」と呼ばれて全タンパク質の約20％あります。それから下の方には11Sグロブリン（以下，11S）があります。これはグリシニンと呼ばれて約40％あります。それぞれ少し特徴が違い，7Sには含硫アミノ酸，いわゆるメチオニン，シスチンが少なくて，これでゲルを作ったとしても，タンパク質同士の結合が弱いので，なかなかゲルの強度は強くなれないし，栄養性は低いと言われています。ただ，その代わり

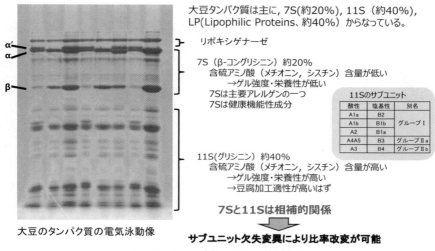

大豆タンパク質は主に, 7S(約20%), 11S（約40%）, LP(Lipophilic Proteins、約40%）からなっている。

α'
α

β

リポキシゲナーゼ

7S（β-コングリシニン）約20%
　含硫アミノ酸（メチオニン，シスチン）含量が低い
　　→ゲル強度・栄養性が低い
　7Sは主要アレルゲンの一つ
　7Sは健康機能性成分

11Sのサブユニット

酸性	塩基性	別名
A1a	B2	グループⅠ
A1b	B1b	
A2	B1a	
A4A5	B3	グループⅡa
A3	B4	グループⅡb

11S（グリシニン）約40%
　含硫アミノ酸（メチオニン，シスチン）含量が高い
　　→ゲル強度・栄養性が高い
　　→豆腐加工適性が高いはず

大豆のタンパク質の電気泳動像

7Sと11Sは相補的関係

サブユニット欠失変異により比率改変が可能

図11　大豆の貯蔵タンパク質の改良

後で述べる健康機能性という特徴があります。

　11S は7S と比べてメチオニン，シスチン含量が高く，タンパク質同士の結合を容易に形成し，ゲル強度が強くなるので豆腐加工適性が高いという特徴があります。

　もう一つ重要なのは，7S と11S は相補的な関係があって，7S を減らすと11S が増えるという関係があります。これによってサブユニットをなくしていけば，例えば11S を増やす，あるいは7S の必要なサブユニットだけを増やすということも可能になっています。

　それから，7S も11S もない系統もできています。7S も11S もない系統は，遊離アミノ酸含量が非常に高くなるという独特の性質を持っていますが，残念ながら必須アミノ酸ではないアルギニンなどのアミノ酸が増加する主な遊離アミノ酸なので，現時点ではまだまだ用途ができておらず，この系統は品種化もされていない状況です。

ウ） 大豆の機能性成分の向上

　高付加価値化の三つ目としては，大豆の機能性成分の向上です。タンパク質以外の部分を改良したらどうなるかということです。大豆にはさまざまな機能性成分が含まれており，例えば，高イソフラボン含有大豆が既に育成されています。特に北海道の大豆は気象条件もありイソフラボン含量が高くなる傾向があり，普通大豆の数倍の100ｇ当たり700mgといった高い含量のものができるようになっています。

　ホウレンソウやケール，ブロッコリーなどに多く含まれており，目の調子を整える効果がある「ルテイン」の高含量系統も知られています。普通大豆にルテインは0.2〜0.4mg/100ｇしか含まれていないのですが，高ルテインツルマメでは，ブロッコリーと同じぐらいの含量を示します。

　それ以外にも，β-コングリシニンについては血圧を下げるという健康増進効果があって，β-コングリシニンを摂取することによって中性脂肪が減少することが証明されました。これは単回摂取試験，長期摂取試験ともに効果があることが知られています。（**図12**）

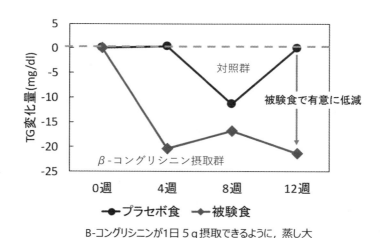

B-コングリシニンが1日５ｇ摂取できるように，蒸し大豆，豆乳，大豆フレークから1日二つ選んで摂取

図12　β-コングリシニンの有する機能性

またα-トコフェロールは抗酸化性物質で，普通品種は$2 \sim 3$ mg/100 g前後の含量ですが，その数倍の含量を持つ遺伝資源が見つかっています。さらにα-トコフェロールもルテインも両方高いものが見つかっています。黒豆などは外皮にフラボノイド系の色素があり，これらも抗酸化性が期待されています。このほか種子リポキシゲナーゼは加工時に過酸化脂質を生成してしまいますが，これを欠失させた大豆であれば過酸化脂質の生成が抑えられるので，抗酸化性の付与につながります。

　育種家の夢ですが，超高タンパクも含めたこういった機能性成分を全部高含有にした「超高機能性大豆」というのもできるのではないかと期待しています。

　ただ，品種は万能ではありません。品種開発については，やはり何年もかかってしまいます。また遺伝子組み換えを除けば，遺伝資源に存在しない形質を持った品種の開発はなかなか難しいです。例えば大麦と同じようにβ-グルカンを豊富に持つ大豆を作ろうとしても，β-グルカンは大豆にはないので，遺伝子組み換えなしには難しい。また生物的な限界もあります。例えば世界最大の大豆は1粒が1 gほどありますが，例えばミカンほどの超巨大粒は無理でしょう。タンパク含有量も遺伝資源の最高55％前後を大幅に超える70〜80％まで上げるのはちょっと難しいだろうと思います。

　このため，品種の能力だけに頼るのではなく他の技術との組み合わせで合理的に解決していくことが重要です。例えば栽培技術などと組み合わせて湿害回避や病害虫防除，単収向上などをやっていけばいいと思います。あるいは加工技術と組み合わせて風味の向上，機能性の向上などをしていく，他の食材と組み合わせて新規食品などを開発していく，こういったことによって品種の機能を最大限使い，単収向上，高質化を図っていけば，国産大豆をタンパク素材として使える可能性が見えてくるのではないかと思っています。

質疑応答・討論

オ　国産大豆の生きる道は単収向上と高機能化

座長　日本の大豆の単収が低い，しかも内外価格差が大きいという問題があ

りました。これは技術的な問題が関係していると思いますが，現在の高機能の大豆の開発までお話しいただいて希望が見えてきました。

石川　国産大豆の今後の生きる道は，単収を上げることと，肉の代わりに使っていくには多機能化が重要かなと思いました。7Sや11Sを変えることで豆腐により適した品種ができるという話がありましたが，肉っぽくするのに適した品種は調べられていますか。

羽鹿　肉っぽくするときに何が重要かというと，タンパク質同士を結び付けるということを考えると，シスチンみたいにS-S結合を作らせることが必要なので，11Sが多い方が有利なのではないかと思っています。

石川　また代替肉として海外でよく使われているのが大豆とエンドウ豆なのですが，肉っぽくするのに優れているからエンドウ豆を使っていると思うのですが，タンパク質の違いはどこにあるのでしょうか。

羽鹿　エンドウ豆を最初に使っていたというのは，元々米国人にとって大豆は牛の餌だというイメージが強くて，それでエンドウ豆由来のタンパク質であれば受け入れやすかったという話を聞いたことがあります。

春見　北海道では平均の2倍ほどの単収を上げています。北海道も冷害がありますし，頻繁に品種を代えたことが単収の増加につながっているのでしょうか。

　もう一つ関連して，これまでの研究が，豆腐，煮豆，納豆などの伝統的な日本の食品に向けた開発だったために，単収向上のための研究は主要テーマになってこなかったと思います。私自身はゲノム編集に期待を持っているのですが，そのために必要な豆の大きさ，タンパク含量，莢の数など，イネなどでやられているような生理研究は，大豆ではあまり世界的にも進んでいないのでしょうか。

羽鹿　北海道の大豆単収が高いことの一つは，農家が大豆をきちんと作っているという点があったと思います。大豆は重要な作物なのでちゃんともうけないと駄目なのだと認識できていると思います。また品種交代することによって新たな取り組み意欲が湧き，常に真面目に取り組む姿勢が定着し，その結果，

単収が高くなるのが大きいと思います。

　北海道以外の地域が低単収の理由は幾つもあるのですが，その中で大きそうなのが，農家の大豆に対する意欲が低いことがあります。イネを最重視するので，例えば梅雨の終わり頃，本来なら大豆をまかなくてはいけない数少ない晴天の日に，イネの防除を先にやってしまうとか，イネの移植と大豆の播種のどちらを先にするかといったら，必ずイネの移植を先にしてしまうわけです。雨の中でできるようなイネの移植よりは大豆の播種を先にしてもらいたいのですが，農家は分かってくれません。しかも品種が変わっていないので，大豆に対する取り組み意欲の向上のきっかけがないと思ったりします。本州以南でもきっちり取っている所は200kgを軽々超える所もたくさんあるので，研究者は，農家が簡単に取り組める，あるいはイネとの競合をできるだけ避けるような栽培技術を考えていかなくてはいけないのかなと思っています。

　ゲノム編集技術は，今はなかなか単収増には使えないところがあるのですが，今後，収量構成要素が分かってくれば少しは使えるようになるかもしれません。超多収のプロジェクトでは，多収に対して必要なものが大体見えてきています。一つは，莢をたくさん着け，バイオマスを大きくすることです。ただ，莢をたくさん付けてバイオマスを大きくすると倒れてしまうので，節間長を短くして主茎長を短くすることを組み合わせる必要があります。それだけが多収品種の能力の100％を説明しているわけではないですが，少しずつ多収化に向けた遺伝子の解明をできればと思っています。

大谷　海外の大豆由来の代替肉は遺伝子組み換えのものから作られているのでしょうか。もしそうなら，遺伝子組み換え大豆を食べることに抵抗がなく，しかも海外は市場が大きいので，品種改良を海外と共同でやる可能性があるのでしょうか。

　また，いろいろな栽培技術や加工技術と組み合わせることでもっと品種の効果的なことができるのではないかと説明がありました。例えば米粉とか小麦粉と組み合わせるというのは画期的であり，豆のまま食べるのではなくて，粉食の世界に踏み込むようなイメージだったのですが，この辺の可能性があります

か。

羽鹿　海外でも代替肉は遺伝子組み換えを使っていないようです。一番食べ
ている人たちは健康意識の高い人たちです。以前米国に行ったときに，植物
ミートのハンバーガーなどを売っていたのですが，非遺伝子組み換えだったみ
たいです。ブラジルなどでは豆乳なども非遺伝子組み換えになっています。中
国などは気にせず食べているかと思っていたのですが，中国の知り合いに聞い
たら，中国国内では大豆は全部非遺伝子組み換えで作り，それを食品に使って
いて，米国から輸入するのは遺伝子組み換えで，それで搾油をしているという
ことでした。

大谷　そうしますと，日本独自でいろいろな品種改良したものを海外に出す
ということは，非常に優位性があるという感じですか。

羽鹿　海外向けの育種を解放していただけるのであれば，国内よりも海外で
花開きそうなものは結構あります。成分改変した大豆などは，2000年代ぐらい
までは海外の研究者から頻繁に分けてくれとか遺伝資源を分譲して欲しいとい
う要望がありました。

　次に，他の食材と組み合わせるというのは，今までは大豆は大豆という形で
食べていたと思うのですが，これを他のものと混ぜてあげることで非常に違う
ことができるのではないかと思います。リポ欠大豆の研究をしているときに，
リポ欠大豆の粉と小麦粉や卵を混ぜてクッキーを作ったり，あるいは杏仁豆腐
だったら大豆の色がきれいに残っていいものができました。例えば，大豆リポ
キシゲナーゼは大豆の青臭みのもととなりますが，ソバのリポキシゲナーゼは
ソバの風味を出します。そこで例えばリポキシゲナーゼ欠失大豆とソバ粉を混
ぜればソバの風味が生かせるのではないかなどと，うまく大豆とほかの食材を
組み合わせて新たな食材ができないのかなと考えています。逆に組み合わせに
よって大豆の成分を考えていく，あるいは小麦粉，米粉も成分を考えていくと
いうのはあってもいいと思っています。

佐本　脱脂大豆ではエクストルーダーで肉的なものは製造していますが，大
豆から肉的な組織を作れないかと思っています。タンパク質は水が多い状態で

濃度が高くないと，S-S重合が起きませんし，グロブリンが多くないと組織化が弱くなります。

　将来的に大豆から肉的な組織を作ろうと，抽出せずにおからの入った状態で組織化をしようとすると，組成の中でグロブリンの濃度が高くないと加工が難しいと感じています。このため，高グロブリン大豆，私の考え方では，7Sと11Sは両方あった方がいいと思っていますが，大豆品種の中に両方の量が多いというようなものがあれば試してみたいと思っています。「関東130号」は後々いい大豆になるのでしょうか。

羽鹿　まず「関東130号」ですが，この系統自体はもうお蔵入りになっていて，別の新しい系統が出てきています。この7Sや11Sを調べているわけではないのですが，恐らく通常の7S/11S比の範囲に入ってくると思います。7S/11S比に関しては，遺伝的に変えることは可能なのですが，栽培環境によっても変わります。そこで遺伝的に7Sが高い「フクユタカ」と11Sが高い「フクユタカ」を別々に作っておいて，それを混合する形にすると，7S/11S比をコントロールしやすくなると思います。あと，7Sと11Sの生育期間中の生成のタイミングがずれていますので，それを狙った栽培技術などもあるかもしれません。

佐本　7S欠失，11S欠失は，総グロブリン量が落ちて，脂質親和性タンパク質やホエイタンパク質の比率が上がってきて，結局，高グロブリンにならないようです。幾つか組成の分画の手法で，今，豆の中の各7S，11S，LP，ホエイと分けて，量比を求められる方法を開発中ですが，高グロブリン大豆は「エンレイ」があって，「エンレイ」も11SのグループⅡaを欠失しているので，いい感触があります。「エンレイ」の後継品種はありますか。

羽鹿　「エンレイ」自体はもうかなり少なくなって，サブユニット組成に基づいた形での選抜は多分されていないと思います。

　タンパク質から攻めるのが難しいのであれば，脂質から攻めるのは可能です。遺伝資源にはツルマメのように脂質が10%を切るようなものまであります。そちら側からタンパク質をコントロールできる可能性があるのではないかと思います。

佐本 そういったところからスクリーニングしていただけたらと思います。

羽鹿 脂質の低い方向への育種は，まだ進めていなくて，両方の方向に進んでいくと成分改良の幅が広がるかもしれないので，現場とも話をしておきたいと思います。

小栗 日本の品種は有限伸育ですが，海外の品種は無限伸育かなと思うのです。極多収系統を狙うとすれば無限伸育的で粒ぞろいがあまり良くないということになってくるのでしょうか。あるいはそうなっても豆腐用とかみそ用なら問題ないのでしょうか。

羽鹿 米国の育種家の話では，有限・無限に関してはあまり意識せずに選抜しているようです。多収のものを選抜するという形で育種をやっていて，結果として有限・無限の品種の比率は地域によって異なるようです。無限のいいところは，種子はばらつきますが，最後まで太陽光線が使えるところなので，不安定な気象条件のときには無限の長所が発揮できると思います。

　逆に，今，日本で無限伸育型を無理に入れると，どうしても主茎長が伸びてしまいます。単純に戻し交雑で無限形質を入れるのではなくて，花が咲くまでが一番倒れやすいので，花が咲くまでは無限の程度が低くて，花が咲いて植物体がしっかりしてくると一気に伸びていくタイプの無限伸育性が多収のためには必要と考えています。

春見 代替肉を食べるときにどうしても抵抗があるのが大豆臭です。先生はリポキシゲナーゼ欠損の青臭さを除去した大豆を開発されたのですが，大豆臭を除去できるような成分育種の可能性はいかがですか。

羽鹿 リポ欠大豆だけでは大豆臭はなかなかなくならないです。リポ欠大豆は，リポキシゲナーゼが脂質と混ざるような条件があったときに初めて効いてくるので，例えば高オレイン酸大豆を使うとか，それ以外にパーオキシダーゼみたいな酸化に関係する酵素なども除去した方がいいのか，大豆臭を除くには単純なリポ欠大豆だけではなくて，過酸化脂質の生成などを防ぐような工夫が必要かなと思っています。

座長 1960年ごろから60年間の世界の穀物生産についてトウモロコシと大豆

の伸びが米や小麦に比べて非常に高かったのですが，これは家畜の餌としてのトウモロコシ，大豆が伸びたと考えていいのですか。

羽鹿　肉食が世界で普通になってきたので，家畜の餌としてトウモロコシ，大豆が伸びたと考えています。米，小麦は主食ですので，人が食べる分だけなのでそこまで伸びていないと思います。これから先どれだけ伸びるかということが気になりますが，米国はもう頭打ちであり大豆面積が伸びているのは南米ですが，今後さらに栽培面積が伸びるかどうかは，なかなか見通せない状況です。

座長　日本の大豆の単収は世界的に非常に低いのですが，人が食べている大豆だけに限って単収を言うと，すごい差になるのでしょうか。

羽鹿　統計があまりないので，実際どれくらい差があるのかは分からないです。カナダの方の話では，遺伝子組み換え大豆に比べて非遺伝子組み換えの方は２割ぐらい収量が低いそうです。ただ２割といっても，300kgの２割減は240kgですから，日本の単収が低いというのは明らかです。イタリアやエジプトなどは気象条件がいいので単収が高いです。米国は広い面積の中で300kgを超えるような高単収を上げていますが，全体として昔に比べて栽培技術が向上していると思います。米国では，食品用品種の栽培でも適期に水や肥料をやったり工夫しているみたいです。

座長　日本の単収が少ない理由の一つに，品種の更新が少ないというのがありました。北海道のように，他の地域でも10年に１回ぐらいは代えていれば，日本全体の単収が上がっていたかもしれないですね。お米づくりに比べて大豆は副業的というか，私が60年ぐらい前に富山県にいたとき，砺波地方などは90%以上が水田で，大豆はあぜ道で植えていました。大豆農家が育たなかったということも大きな原因でしょうか。

羽鹿　やはり大豆は少し後回しにされているところがあります。例えば東海地域では，イネを５月ぐらいに植えて，６月に麦を収穫して，７月に大豆を植えます。そうすると，大豆は畑作物なのに梅雨の最中に作業をしなくてはいけません。しかもそこから先どんどん気象条件が悪くなってきて，台風が来たりします。それを考えると，まず大豆を先に植えて，大豆の収穫時期を９月ぐら

いに持ってくると，もっと多収が狙えるのではないかと思います。イネはこれ
だけ技術が進んでいるので少し遅らせても，6月以降の梅雨でも田植えはでき
ますから，問題ないのではないでしょうか。ですから，イネ→麦→大豆から大
豆→麦→イネの順番にしてはどうかと提案しています。しかし，実際には難し
いので，せめて品種を代えて，新しい品種で農家の意欲を引き出すのが重要と
考えています。

座長　イネの研究者に比べて大豆研究者の数は，あまりにも少ないのではな
いですか。そこは改善されているのでしょうか。

羽鹿　国内の研究者の数はイネが多くて大豆の人間が少ないので，DNA マー
カーはイネに比べると充実度が低いです。中国などは膨大な数の大豆研究者が
おり，いろいろな新しい遺伝子が明らかになってきていますので，人間が少な
い分，海外情報などを活用するのが重要です。

　遺伝子の解析は実験室にこもって行うイメージですが，重要なのは，圃場で
見てそれを評価して，どの形質が重要なのかを確認できるようなアウトドア派
の研究者ではないかなと思っています。ですから，ものを見ることができる研
究者を育てるのが重要と思っています。

③代替タンパク質の技術開発動向と未来
―次世代タンパク質の姿とは―

はじめに

　2022年2月24日に第5回食用タンパク質研究会を開催し，株式会社三井物産戦略研究所の佐藤佳寿子シニアプロジェクトリーダーより「代替タンパク質の技術開発動向と未来―次世代タンパク質の姿とは―」*と題して発表の後，意見交換を行いました。以下，その概要を紹介します。

話題提供

ア　代替タンパク質の必要性

　さまざまな代替タンパク質の種類について，市場規模や技術動向についてお話しします。

　まず，世界的な人口増加に伴って，2020年に必要であったタンパク質の需要2億2千万トンから，50年に必要な代替タンパク質が3億5千万トンと1.4倍になると予測されています（**図1**）。一方，既存の畜産が大量の資源を利用するため，現状のまま食肉生産量を増加させるのが困難になってきています。例えば農地や水の利用，また GHG（温室効果ガス）排出量に関しても牛，豚，鶏が多くなっ

佐藤　佳寿子　氏

＊さとう　かずこ　（株）三井物産戦略研究所シニアプロジェクトリーダー（当時）
　講演内容の無断転載は禁止致します。

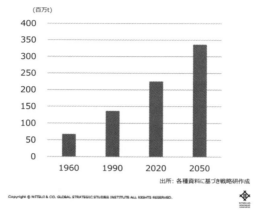

➤ 人口増加に伴いタンパク質消費量は2020年
　から2050年で1.4倍になる

（百万t）

出所: 各種資料に基づき戦略研作成

図1　世界のタンパク質需要推移

ており，このまま既存の家畜を続けていても，気候変動等によってタンパク質を供給することが難しくなってくるだろうといわれています。

　そのような中で代替タンパク質へのシフトが必須ということで，大豆タンパク質など畜産以外からのタンパク質をどのように増やしていくのかということが大きな議論になっています（**図2**）。

　「代替タンパク質とは」ということで，代替肉・魚，代替乳製品，昆虫食，その他の代替タンパク質の4種類に分けました。その中でも原料が植物由来なのか，あるいは培養なのかということで分かれてきますので，今回は6種類について簡単にご説明します（**表1**）。

イ　代替肉・魚

　植物由来の代替肉市場の推移は非常な増加傾向で，健康志向や動物福祉といった観点からも需要は今後も増えていくと予測されています。具体的には，2020年には世界的な市場は50億ドルだったのが，25年には3倍の150億ドルに

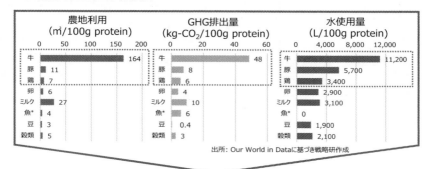

> 既存の畜産は大量の資源を利用するため，現状のまま食肉生産量を増加させるのは困難。

農地利用 (㎡/100g protein)	GHG排出量 (kg-CO$_2$/100g protein)	水使用量 (L/100g protein)
牛 164	牛 48	牛 11,200
豚 11	豚 8	豚 5,700
鶏 7	鶏 6	鶏 3,400
卵 6	卵 4	卵 2,900
ミルク 27	ミルク 10	ミルク 3,100
魚* 4	魚* 6	魚* 0
豆 3	豆 0.4	豆 1,900
穀類 5	穀類 3	穀類 2,100

出所：Our World in Dataに基づき戦略研作成

代替タンパク質へのシフトが必須

図2 タンパク質供給不足への危惧

までなるといわれています（**図3**）。また，植物由来の代替肉の参入企業は数えられないほどあり，海外ではスタートアップ（新興企業）をはじめ，ネスレ，ケロッグといった食品大手も参入して，レッドオーシャン（競争の激しい市場）になっているという状況です。

　今回は，これらの企業が今後どうなっていって，事業として可能性があるのかということを簡単にお話しします。

　まず，植物由来の代替肉や代替魚は，すでに非常に多くの企業が進出しているということで，今から市場参入するのは難しいと考えています。一方で，代替肉・魚に関する添加剤に関してはまだまだ開発需要があるといわれています。化学メーカーだと思っていた信越化学がセルロース等を使って植物肉企業に対して材料を提供するというニュースが一昨年大きく取り上げられました。味や

表1　代替タンパク質とは：種類と概要

類型	代替肉・魚		代替乳製品		昆虫食	その他の代替タンパク質
	植物由来	培養由来	植物由来	培養由来	昆虫由来	発酵由来
概要	植物性の素材を使い、肉そっくりの味や食感を再現した加工食品	動物から抽出した細胞を培養して得られる肉	主に植物性の素材を使い、飲用乳やチーズ等乳製品の代替品として作られた加工食品	①発酵技術を用いて乳成分を生産 ②乳腺細胞（乳を産生する細胞）を用いて人工的に乳を生産	昆虫を原料として作られた加工食品や動物用飼料	微生物を用いて発酵によって代替タンパク質を生産
主な原料	大豆 緑豆 エンドウ豆	牛、豚、鶏、魚の細胞	大豆、アーモンド ココナッツ エンドウ豆 ナッツ類	①微生物 ②乳腺細胞	コオロギ アブ ハエ	微生物
主要企業	Beyond Meat Impossible Foods Nestle	Upside Foods Eat JUST Mosa Meat Shiok meat	Danone Daiya Foods Oatly 等 他多数	①PerfectDay ②Turtle Tree Biomilq	EXO Protix Innova Feed	Solar Foods Air Protein

食感等を実際の肉にいかに近づけるかということが望まれている中で，植物由来特有の臭みを取り除くことができるような香料とか，おいしい動物性の油に似た味がする植物由来の油脂の開発などが現在進んでいるなど，まだまだ材料に関しては需要があると考えています。

　植物由来の代替肉についてまとめると，市場は今後も非常に大きく広がっていくでしょう。ただ一方で，技術に関しては既に多くの企業が参入しています。今後は高付加価値化，または新商品開発によって，味や食感を圧倒的に改善するような材料等が期待されます。

　次に代替肉・魚の中でも，培養由来のものについてご説明します。

　まず培養由来のものの市場規模ですが，現在研究開発段階ではあるものの製品販売が開始されつつあり，2020年12月にシンガポールで販売が開始されています。市場に関しては25年に2億ドル，32年には6億ドルにまでなるといわれています。また，市場におけるkg当たり販売価格，生産価格は，20年あるいは22年の段階では数千ドルから数百ドル，そして現在20ドル程度と言っているような企業もあります。この先どんどん値段が下がっていって，32年には現場の鶏肉と同程度の3ドル程度まで下がっていくのではないかといわれています。

> 健康志向や動物福祉への観点から植物由来代替
> 肉市場は大きく増加していくと予測される

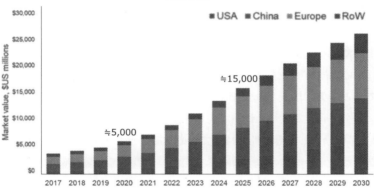

図3 植物由来代替肉市場推移

出所：IDTechEx Report Plant-based and Cultured Meat 2020-2030
https://www.idtechex.com/ja/research-article/plant-based-meat-an-outlook-for-
2020/19234

　培養肉は動物の肉を培養して増やすため，植物肉よりも本来の肉に近く，今後も需要が伸びるのではないかと考えられていて，肉，豚，鶏，魚介類など，全ての動物性タンパク質を培養で作ろうとしている企業が多く出てきています。特に米国，欧州，イスラエルを中心として数多く出てきている状況です。

　それでは，具体的に培養肉がどのように作られているのか，簡単に工程をご説明します。

　まず一般的に動物，牛あるいは豚，魚から生体細胞を入手します。ある程度培養できるような状態にまで処理を行って，タンクで細胞を培養します。ただ，これだと骨や肉の中の繊維などがないので，べたべたしたフォアグラのペース

トみたいなものしかタンクの中ではできません。それで，できたものをステーキ状にしたり，チキンナゲットやハンバーガーみたいな形でミンチ肉のように食品として受け入れられるものにしていくという工程の三つになります（図4）。

　その中でも一番課題が多いとされているのが細胞培養の段階です。これはなぜ難しいのかというと，今までこれほど多くの培養をしたという企業が世の中にないために，培養液等の材料の開発が難しいことと，後はこれだけ多くの量を安定して作る量産方法という二つが大きな課題になっています。

　これらの課題を解決するために，例えば材料の開発であれば培養液だけを特化して作る企業，培養された細胞に肉がくっつくための足場だけを作る企業，また，肉を培養する設備を作って大量生産する工程だけを担う企業といった形で，少しずつ分業して専門性を持って対応するような企業が増えてきています。

　培養液というのは水のようなものですが，その中に細胞が成長するために必要な成分が多数含まれており，その中でも一番価格が高いのがFBS（ウシ胎児血清）と呼ばれている成長因子です。この成長因子FBSを高効率かつ安価に

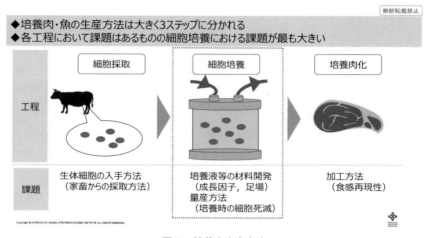

◆培養肉・魚の生産方法は大きく3ステップに分かれる
◆各工程において課題はあるものの細胞培養における課題が最も大きい

工程	細胞採取	細胞培養	培養肉化
課題	生体細胞の入手方法 （家畜からの採取方法）	培養液等の材料開発 （成長因子，足場） 量産方法 （培養時の細胞死滅）	加工方法 （食感再現性）

図4　培養肉生産方法

生産する技術が求められています。

　FBS は牛の胎児から採られており，1頭の牛に少量しか存在せず，採取するのに非常に手間がかかるのです。さらに，培養肉は牛を殺さなくてもできるので動物福祉の観点からいいといわれているのに，FBS を採るために胎児を殺していていいのかという批判もあります。FBS をそのまま使ってしまうと培養肉の動物福祉上の利点が生かされないということで，この FBS をどうするかというのが非常に問題になっています。

　さらに FBS というのは，以前，胎児にも BSE の影響が及んだのではないかということで，非常に厳密な管理の下に生産されている状況です。一般的に，例えば再生医療といったような分野では高くても問題がないということで FBS はよく使われているのですが，一方で，最終的に肉として食料として使うようなものに対して，1g 当たり1万円ぐらいの高いものを材料として使うことができるのか，また，胎児の個体差もあるので生産安定性にも課題があります。

　そこで，牛の胎児を使わないでどうやって成長因子を作るのかというところに注目して，植物由来，イースト由来，微生物由来などの形で，成長因子だけ，そして培養液だけを作ろうとする企業が非常に多く出てきていて，そのほとんどが2018年頃から設立されています（**表2**）。このような企業が今までよりも高効率で安定して培養液を提供できるようになることで，今後，培養肉が広がるのではないかと考えられています。

　また，培養足場ということで，この中でできた赤いイクラみたいな粒々のミンチ肉状のものをどのような形状にするか，塊肉にするためにスポンジのような足場を作って細胞を付着させて形作るといった足場という技術も要望されている状況です。

　次に，足場の方ですが，こちらは2社企業があって，スポンジのような繊維のようなものを先ほどの培養タンクの中に入れることで，足場が培養液中に存在すると細胞が足場の上にぺたぺたとくっついて，最終的に塊肉を作るということが試されています（**図5**）。ただ，まだまだ開発段階で，現状は作られた肉

表2　培養液開発企業

企業名		設立年	国	概要
Multus Media	multus media	2019	英	イースト菌由来の成長因子代替品を生産 培養肉企業とのフィージビリティを開始
Future Fields	FUTURE FIELDS	2017	加	遺伝子編集により特定の細胞から成長因子代替品を生産
Tiamat Sciences	tiamat	2019	独	植物由来の成長因子代替品を生産 自社技術のライセンスを他社へ供与予定で，細胞農業企業6社と提携
Biftek.co	biftek.co	2020	米	植物/微生物由来
ORF Genetics	ORF	2001	アイスランド	大麦由来の成長因子を製造
Heuros	HEUROS	2018	豪	動物由来成分不使用の培養液生産

スタートアップ例

企業名		設立年	国	概要
Matrix Meats	MATRIX MEATS	2019	米	ナノファイバーを用いた足場
Atlast Food		2018	米	キノコ繊維を用いた足場（自らもベーコン生産を企図）

足場利用イメージ　Atlast Food の場合

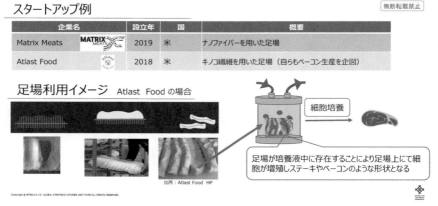

細胞培養

足場が培養液中に存在することにより足場上にて細胞が増殖しステーキやベーコンのような形状となる

出所：Atlast Food HP

図5　足場材料のスタートアップ例

をそのままハンバーガーのようなミンチ肉として扱うことが主流になっていて，最終的にどうやってこの足場を作って塊肉にするかということが課題となっています。

　次に，量産工程についてですが，今までの細胞培養はこういう平らなシャーレの上にぺたぺたと，培養液表面で平面的に培養をしていて，大量に細胞を採ろうとすると，このシャーレを何万枚，何十万枚と作らないといけないので，

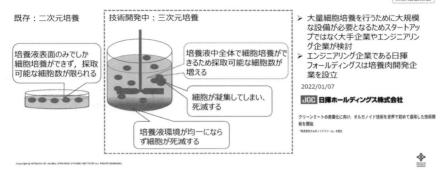

既存：二次元培養

培養液表面のみしか細胞培養ができず，採取可能な細胞数が限られる

技術開発中：三次元培養

培養液中全体で細胞培養ができるため採取可能な細胞数が増える

細胞が凝集してしまい，死滅する

培養液環境が均一にならず細胞が死滅する

➢ 大量細胞培養を行うために大規模な設備が必要となるためスタートアップではなく大手企業やエンジニアリング企業が検討
➢ エンジニアリング企業である日揮フォールディングスは培養肉開発企業を設立

2022/01/07

JGC 日揮ホールディングス株式会社

クリーンミートの商業化に向け、オルガノイド技術を世界で初めて適用した技術開発を開始
「株式会社オルガノイドファーム」を設立

図6　量産時における課題

既に幾つかの企業では，３次元培養といってタンクの中に培養液と細胞を入れて培養して大量生産することが試みられています（**図6**）。これは培養液中全体で細胞培養ができるので，採取可能な細胞数がシャーレの表面積から見ると爆発的に増えるといわれています。

　ただ一方で，こういう３次元の中にいるために，細胞はどうしても固まろうとするので，固まってしまうと，凝集してしまうと中の細胞が酸素を取り入れることができなくて死んでしまうとか，タンクの中を均一にすることが難しいので，下の方が均一にならずに濁ってしまって細胞に酸素が届かなくて死んでしまうとか，上の方にたまってしまって死んでしまうということがあって，３次元に関してはハードルが高い状況です。こういうエンジニアリング的な部分に関しては，細胞を培養するという技術とはちょっと違う部分があり，大規模な設備が必要となってくるということもあり，大手企業やエンジニアリング企業が一緒になって検討しはじめています。今年に入って培養肉業界での大きな話題としては，エンジニアリング企業である日揮ホールディングスが培養肉企業を設立したというニュースが出ていまして，恐らく彼らは自分たちが持っているエンジニアリングの技術を活用して培養肉の方に参入したいと考えているのではないかといわれています。

　次に，規制動向と消費者受容性について，培養肉というのは非常に新しい技

術，そして新しい食品であるため，世界的にどのような規制状況になっているかということをお話しします。

　まず日本に関しては，培養肉に関する議論が農水省を中心に検討されていまして，2020年より民間団体も入って議論を開始しています。これはどうしても既存の畜産農家や既存の日本ハムとか伊藤ハムみたいなメーカーに対して非常に競合的になってしまう可能性があるので，そういう既存企業との対立構造を発生させないようなルール形成を目指して活動しています。今度，多摩大学のルール形成戦略研究所が政界の方に提言書を出すことになっているのですが，今後どのような規制にするかとか，特に食品衛生法，食品安全基本法等，既存のものに対して整合性の取れるような規制を出していきたいと考えているということでした。

　シンガポールでは，政府自体が食料自給率に対して非常に危機感を持っている状況で，自分たち自身での食料自給率を上げようと，国全体を挙げて非常に大きな活動をしています。その活動の一環に培養肉も入っており，世界で初めて2020年12月に培養肉の販売認証がされました。シンガポール政府は非常に積極的に消費者教育を行って，培養肉がどれだけ安全なのかというような活動もしており，政府の中に安全を保証するような機関を持って積極的に進めているという話でした。

　次に，米国では畜産というのは一大産業になっており，一部の畜産団体は，培養肉だけではなくて植物肉自体もミートと呼ぶことに対して許せないというロビー活動をしています。ただ一方で，やはり今後，持続可能な食料生産をするためには培養肉あるいは植物肉の推進は必須だという団体も幾つも出てきて，安全性の立証または情報提供といった形でロビー活動を行っており，規制当局はそのような情報を得て今後どのようにするかというような法制度を検討している状況です。

　米国では消費者受容性に関する研究も同時に進められていて，こちらは肉ではなくて培養された魚介類，魚の名称に関しては既にもう実験がなされています。魚介類関係には畜産団体のように大きな団体がなくコンフリクト（対立）

が起こりにくいという部分もあって，最初に米国で承認されるのは恐らく培養された魚介類なのではないかといわれています。そのような承認に向けての一つの動きとして，消費者に正しく情報を伝えるためにどういう名称がいいのかという実験を消費者に対して行っています。その結果，米国では Cell-Cultured と Cell-Based が同程度の評価を得ており，例えば Cell-Cultured Atlantic Salmon, Cell-Cultured Shrimp といった名前になるのではないかといわれています。

　ただ一方で，こういう名称というのは食習慣や文化的背景などの影響を大きく受けるので，そこにおいて記載すべき情報や名称というのも異なってくるので，今後こういう培養肉・培養魚というのが広がってくるにつれて，日本では日本独自の調査，中国では中国独自の調査，欧州は欧州独自の調査という形で，言語ごと，文化ごとに調査・研究がなされていく必要があるといわれています。

　培養肉・培養魚は2020年12月に市場に出ましたが，今後数年でもっと広がっていくでしょう。ただ，90〜100社程度のスタートアップが研究開発を行っていますが，生産工程にはまだ多くの課題が残っており，その中でも培養液などの材料と量産方法が大きな課題になっています。

　今後は，材料開発，量産方法といった技術面での課題が解決できるかどうかが大きなポイントになっていますが，それだけではなく，新しい食品ということで各国の規制に関しての注視が必要です。あとは消費者受容性についても検討が続けられており，新しい食品の規制と受容性についても新たな検討が次々となされていくことでしょう。

ウ　代替乳製品

　植物由来の代替乳製品市場は非常に大きくて，世界では160億ドルともいわれています。これがどうしてここまで広がったかというと，やはり健康やエシカル（倫理的な）といった面から需要が非常に増えているということです。どのような材料があるかというと，まずは豆乳ですが，それ以外にも健康にいいとされるアーモンドミルクがあります。また，スターバックスで一時期はやっ

ていたミルクの代わりにオーツミルクを入れるというのもあり，豆乳だけではない植物由来の代替乳製品が出てきました。

　現在，アーモンドミルクの企業やココナッツミルクの企業，ピーナッツミルクの企業などが数百社，それ以外にも代替チーズ，代替クリーム，植物由来ヨーグルト，フローズンデザート，植物由来のバター，これらを全部合わせると多分400〜500社の企業が取り組んでいる状況です。

　代替乳製品の中で植物ミルクというのは，ただ単にナッツや豆を絞るだけではなくて，その後にやはり添加剤によって風味や栄養の調整がされていて，それできれいに油滴を分散させることでミルクのような見た目にしています。そのため健康にいいとはいわれているのですが，ミルクのような風味や色合いとかにするために，実は意外と香料や砂糖，調整剤が入っていて，本当に人間の体にいいのかという議論もあり，今後どうなっていくのかというのは気を付けなければいけないと考えています。

　今後は，先ほどの植物由来の代替肉と同じような形にはなるのですが，やはり参入障壁が低いという面から，高付加価値化や，味や食感を既存のミルクに近づけるような材料等が期待されています。

　次に，培養由来の乳製品ですが，現在2種類あって，まず一つが発酵菌を用いた生産です。これは発酵タンクに微生物を培養してタンパク質を取り出します。このタンパク質は乳成分そのものというよりも，乳に含まれるホエイやカゼインといったタンパク質成分です。もう一つは乳腺細胞です。牛が持っている乳腺細胞を使って，その乳腺細胞から乳そのものを作らせるという2種類の方法があります。

　現在，多く取り組まれているのは，発酵菌を用いて乳成分の中に含まれるタンパク質のホエイやカゼインを取り出すというものです。微生物利用の事例としては，米国のPerfect Day（パーフェクトデイ）という企業が750億円以上資金調達を行って，ホエイやカゼインを発酵菌を用いて作っています。既に米国のFDA（食品医薬品局）の承認を得ていて，アニマルフリーのアイスクリームやプロテインパウダーを作っています。

次に，乳腺細胞を用いている企業は世界的にも2社だけと思います。シンガポールのTurtleTree（タートルツリー）という企業と米国のBIOMILQ（バイオミルク）という企業です。牛に含まれる乳腺細胞を培養液の中で増殖させて，その細胞から作られた乳を取り出そうとしています。

牛乳は普通のスーパーだと高くても250円ぐらいで買えてしまうので，培養というまだまだ確立していない技術を使って，1 L250円の牛乳に対抗するのはハードルが高いのですが，母乳であれば人間は子どものためなら高いものも買ってもらえるという傾向があり，母乳を作っているといいます。

エ　昆虫食

次が昆虫です。昆虫をそのまま食べるというのはなかなかハードルが高いので，加工食品が結構多くなっています。

2017年にFAO（国連食糧農業機関）がタンパク質危機を受けて，昆虫が非常に重要なタンパク質源の一つであるというレポートを出していて，その中で昆虫を食する国が世界で100カ国以上あるといわれています。昆虫食市場も，これがどこまで本当に実現するのか私自身は懐疑的なのですが，レポートを見ると，18年の40億ドルから，23年には120億ドルにまでなるという予測されています。

一方で食用の昆虫を作っている企業はあまり多くはありません。例えば植物由来の代替肉と比べると，まだまだそこに大きな可能性というのは見いだされていないようで，例えばネスレやダノンのような大企業は参入しておらず，小さい企業がほとんどです。

一方で飼料用途，養殖用のタンパク源としては注目されており，飼料の大手メーカーであるカーギルなどは，そういう昆虫の大量生産の技術を開発しているような小さいスタートアップと提携しているという傾向があります。

では，昆虫はどのように作られているのか，これは技術というよりも生産方法という形にはなるのですが，意外と面倒です。一般的にコオロギが食用では一番多く作られているのですが，これはなぜかというと，コオロギは雑食なの

で，その辺のごみみたいなものを食べさせても大丈夫というところもあって，食用ではコオロギが一番メジャーに生産されています。

ただ一方で明確な手法が確立していなくて，共食いとか，病気が発生すると一気に死んでしまうとか，温湿度管理が意外と面倒で，超大量生産というのは容易ではないという話を伺いました。現状はネット販売がメインで，小売販売はまだ非常に限定的で話題性を得るために販売されているのがほとんどです。

実際にはコオロギを小さいケージに入れて養殖して，乾燥させ，粉砕，加工して販売という形が一般的になっています。

どのように販売されているかという製品傾向を見ますと，エシカル面，環境負荷の低さとか，あとアニマルウェルフェア（動物福祉）みたいなところでの訴求を図っているのが一般的で，既存のタンパク質，例えば肉とか乳製品の代替というよりも，プロテイン源としての新規食品という側面が非常に強くなっている状況です。

簡単に消費者受容性と規制についてみると，食品で昆虫というのは，大衆に受け入れられるにはまだまだハードルが高い面もあるのですが，EU は欧州グリーンディール（持続可能な EU の成長戦略）や Farm to Fork（農場から食卓までの）戦略といった形で持続可能な食料生産を目指している中で，これまで EU の中では規制があって昆虫は食品として販売することができなかったのですが，一部の昆虫が去年初めて食品として承認されました。これは結構，新しいタンパク源として昆虫が来るのではないかと代替タンパク質業界では大きなニュースの一つでした。

その他の国々なのですが，規制面では，日本はイナゴなどを食べているという背景もあって，特に国による規制とか基準というのはなく，プロテインバーとかコオロギせんべいもすぐに市販できるような状況です。米国も特に大きな規制はないのですが，食品グレードとして安全かどうかは検査して基準に沿う必要があります。また，中国においては一般的な料理の材料としてよく使われているらしいのですが，ただ，カイコに関してはなぜか食品のリストに明示されています。タイでは非常によく昆虫を食べるので昆虫食について注目してい

るようで，2017年にコオロギの養殖に関するガイドラインを政府が発行しました。今後タンパク質不足を受けて，世界的にもこういう法整備がもう少し進んでいく可能性はあるかと思います。

　消費者受容性の面で昆虫というのはなかなか難しいといわれており，そういう意味では，どちらかというと養殖の餌として注目されている側面が大きいところです。

　水産養殖というのが年々増加しています。世界の漁獲量は1990年代からほとんど横ばいですが，一方で，エビ，サーモンをはじめとして，健康志向から世界的にも魚介の需要が非常に伸びていて，養殖も90年代ぐらいから大幅に伸びている状況です。養殖の増加に伴って，養殖用の飼料である魚粉の価格が90年は500ドルだったのが，2020年には1,500ドルと３倍になっています。今後もこの価格トレンド（動向）を見込んで，カーギルや Nutreco（ニュートレコ）などの飼料メーカーでは，PROTIX（プロティックス）や INNOVA（イノーバ）というアブを大量生産している企業と組んで，養殖用飼料として昆虫を使うという協業が進んでいます。

　昆虫に関しては，市場としては代替タンパク質の一つとして非常に面白いですし話題性もあるのですが，私自身は，市場の大きさはやはり消費者受容性の面からなかなか限定的なのかなと考えています。技術に関してはまだまだ簡単な大量生産はしにくいという面もあり，低価格化が求められています。まずは既存タンパク質の代替ではなくて，どちらかというと新規機能性食品という側面で売っていく必要があるのかなと。ただ，低価格化ができれば，食品というよりも養殖用の飼料とか，養殖用以外でも飼料として展開の可能性は高くなっていくと考えられます。

オ　その他の代替タンパク質

　微生物を用いて代替タンパク質を生産する企業は現在２社あり，AIR PROTEIN（エア・プロテイン）という会社は，微生物を使ってタンパク質を作り，できたパウダーを整形して鶏肉みたいなものを作っていきたいとして注目

されています。

　もう１社，フィンランドの SolarFoods（ソーラーフーズ）という会社は，電気と二酸化炭素と窒素を用いてタンパク質を作る微生物を持っていて，GHG削減という面でよくメディアには出てきています。ただ，二酸化炭素といってもかなり濃度の高い二酸化炭素を使わないとまだ難しいということですが，二酸化炭素削減という面でもしかしたら注目度が高いところです。

カ　まとめ

　植物由来に関してはもう十分市場も大きく，培養由来もシンガポールですでに売り始めたということもあり，将来性はあると考えています。（**表３**）

　代替乳製品は，中国でもこれから伸びるといわれており，大きな市場が形成されると考えられます。一方，培養由来肉は，添加剤などの問題解決が重要となります。

　昆虫に関しては，食品はハードルが高いものの，飼料用途展開というのは結構大きくなっていく可能性があり，そちらの面では研究開発が進んでいくと思

表３　まとめ

			将来性* *講演者主観
代替肉・魚	植物由来	最終製品に関しては参入企業多数 商品開発や材料（添加剤）といった面では参入可能性もある	○
	培養由来	市場は確立していないものの，参入企業多数 生産時課題を解決する技術・材料を保有すれば覇権をとれる可能性も	○
代替乳製品	植物由来	最終製品に関しては参入企業多数 商品開発や材料（添加剤）といった面では参入可能性もある	○
	培養由来	発酵：ある程度の市場は見込めるものの添加物としての側面が大きい 培養：研究開発段階。確立までは時間がかかる見込み	△○
昆虫		機能性食品としての側面が大きく，商品開発力，販売力がポイント 飼料用途展開へ注目	△○
その他の 代替タンパク質		研究開発段階。機能性食品としての側面が大きい。 技術確立後にコスト，生産性等を考慮し展開先（食用，飼料用等） を検討する必要あり	？

います。

　その他のタンパク質というのは不透明という形で述べさせていただきました。

　最後に代替タンパク質全体のまとめとしましては，人口増加の側面から見ると今後代替タンパク質の需要は大きく伸びていくでしょう。食べたくないと思っても代替タンパク質を取らざるを得ない時代が近い将来，来るのかなと考えています。

　技術に関しては，生産可能なものが既存品の代替（肉や乳製品などの代替）になるのか，それともタンパク質そのもの，プロテインパウダーなどのような粉のようなものなのかによって，だいぶ難易度は異なってくるということです。

　今後としては，技術だけではなくて最終的にどんな製品を目指して何を作っていきたいのかということで事業戦略は大きく変わってくるかと思いますので，こちらに関してはどの分野を狙うのかということをまず明確に定めた上で検討していく必要があると考えています。

質疑応答・討論

春見　培養肉について，米国では消費者受容性に関する研究がもう既に始められていると。シンガポールでは消費者研究を行った上で販売が認められていると。では今後わが国では政府が率先してやるべきなのか，企業にお任せするのかが難しいですよね。

佐藤　農水省がイニシアチブをとっているフードテック関連協議会の中に細胞農業研究会があり，農林水産省，研究機関，弁護士事務所，日本で培養肉を開発している企業，その他培養肉に関わるステークホルダー（利害関係者）全てを含めて議論が行われている状況です。政府単体では決め切れないようなところに関して一緒に規制等々に関して議論を行っています。法整備を行うに当たって細胞農業研究会から自民党に提案書を出そうという状況なので，今後もう少し議論が進み，より詳細な面が決まってくると思っています。

　また，細胞農業研究会では名称アンケートなど消費者受容性に関する消費者

教育のようなものも行っており，今後米国のように対立構造が発生しないように，お互い「話を聞いていないよ」という状況にならないような素地づくりが作られている状況と思います。

石川 ご説明いただいた六つの代替タンパク質源で，国際的に見て今後一番伸びる分野はどのあたりなのか。５年後とか10年後とか20年後ぐらいの規模で見たとき，どれが一番伸びしろがあるというか，市場として広がっていきそうな感じでしょうか。

佐藤 やはり既存の一番大きい市場でお肉というところがあると思いますので，そこの需要というのは，まず肉という面で見て広がっていくのは間違いないでしょう。その中で，肉の代わりとして植物由来と培養肉が広がっていくと考えています。肉の生産ができなくなる部分を植物代替肉と培養肉で補うと私自身は考えています。

石川 伸びしろに影響する要因としては，参入障壁，技術的課題，消費者受容性などが挙げられましたが，どれがボトルネック（律速要素）になりそうでしょうか。

佐藤 やはり規制と消費者受容性が一番大きいのかなとは思っています。特に，大豆由来と言われたら食べてもらえると思うのですが，培養肉はタンクの中で作られてすごく人工的なイメージがあるので，いかに理解してもらって消費者に届けるかというところはハードルが高いと私自身は思っています。

石川 数多くの企業が参入している植物由来代替肉参入企業のカオスマップを見ると，日本が参入する余地がないのではないかと思ってしまうのですが，日本の産学官は今後どこに，最後にどの分野を狙うべきでしょうか。

佐藤 今から入って間に合うというところは，やはり培養肉の材料の部分です。例えば培養液とか足場とかはまだまだ解決しなければいけないところがあって，さらに培養肉が伸びれば伸びるほど培養液と足場の需要も絶対に増えていくものなので，そこの材料，生産するときの川上の方を押さえてしまうと，培養肉全体の市場も押さえることができるのではないかと思っています。日本の企業でも，再生医療からピボット（方向転換）してこういう培養液をやろ

うとしている企業も幾つかあるので，産官学で連携してやっていただければまだまだ可能性はあると思います。

　石川先生の『「食べること」の進化史』を何回も読ませていただき，非常に楽しみにしていましたので，ありがとうございます。

春見　培養肉が今後伸びていくには，成長因子の大量培養ということがポイントというお話でした。医薬品のように非常に高価なものであれば先端技術・ハイテクを使ってやっても引き合うと思うのですが，食品はかなり難しいところがあると思うのです。ある特殊な企業が持っている特殊な技術を使ってやればいけるかもしれないのですが，需要を満たすぐらいに大量に生産しなければいけない場面では，そういう技術を広く共用して共通して使えるような場が例えば農水省のフードテックなどでも考えられているのかどうか。その点はどのような仕組みになっているのでしょうか。

佐藤　まず日本国内では培養肉の企業がまだ3社しかないのですが，その中の1社でインテグリカルチャーというのが最も古い企業になっています。2016年に設立されたのですが，彼ら自身は，ある程度実験段階で作るような設備と技術は持っていますが，その先は小さい企業なのでできないという認識も持ち合わせていて，コンソーシアムを形成しています。そこに千代田化工や日本ハムなどの大企業も入って一緒に日本の培養肉を量産するための技術を作っていくという形で協力して培養肉の量産に向けての活動をしています。そのコンソーシアムには荏原製作所なども入っていて，非常に積極的に活動している状況です。

春見　消費者の観点から，こういった植物タンパク，代替タンパクを志向する人たちは，環境や資源，動物福祉などに関心の高い人が多いですよね。そういう人たちは，一般的にはあまり高度な加工食品というよりは，より自然に近いものを消費していくというような志向も持っている感じがするのですが，そのあたりについては，先生は今後の消費動向としてどのように捉えていらっしゃるのでしょうか。

佐藤　日本では，まだ動物福祉などへの関心が低く，また，人工的な部分に関

して嫌がるところもあるので，消費者教育をしていく必要があると思います。どれだけ植物代替肉や培養肉が人工的に作っているものの反自然的ではないのだということ，自然に近いものなのだということを伝えていく必要があると思います。それに関しては全ての企業や生産者が伝えていく必要があると思っています。

　海外では動物福祉とか環境保全への関心の方が高く，例えば海外のセレブ（名士）であるレオナルド・ディカプリオが培養肉の企業に何十億円出資したとか，ビル・ゲイツが幾ら入れたみたいな形で，非常に影響力のある方々が培養肉や植物代替肉などに関してメッセージを発信しています。彼らの言っていることが全て正しいかどうかというのはまた別の議論ですが，彼らがそのように言っているのであれば大丈夫なのだろうという形で，消費者が受け入れる素地はできているという話を聞いています。

大谷　元々この問題というのはタンパク質が不足しているというところから，それを補うのにいろいろな手法がある，ということなのですが，培養肉では，加工度がどんどん上がってしまうと，トータルの LCA，エネルギーの量とか素材の量の収支を説明できるようなところに落ち着くものなのでしょうか。結局膨大なエネルギーを使うという話にはならないものなのですか。

佐藤　同じような疑問を持つ方が非常に多くいらっしゃいます。現状，エネルギー的には培養のタンクを温めるエネルギーも必要ですし，培養を回さなければいけないというところで，現状では正直エネルギー的には，GHG の排出量とか水の使用量とかという意味ではまだまだ改善するべき余地があるといわれています。

　ただ，THE GOOD FOOD INSTITUTE という米国の NPO がそのような試算を行っていて，1,000L や2,000L のタンクになった場合，現状でやっている仮定でこのぐらいのエネルギーが必要という試算をしていて，論文も出ているのです。それを見ると，既存の肉に比べると少なくとも3分の1，あるいは4分の1，最近は風力発電とか太陽光発電とかも出てきているので，例えばそういう再生可能エネルギーを使ったらもっともっと減るとしています。彼らはそ

れを推進している団体なので，また議論の余地はあると思うのですが，THE GOOD FOOD INSTITUTE を私自身はそれなりに信頼しています。それ以前に他の海外の大学の先生がやった試算でも量産できるようになれば，少なくとも半分，あるいは6割程度には GHG や電気，水の使用量は減らせるといわれています。

大谷 一応試算ではそうなっているということですね。

佐藤 はい。

大谷 ちょっと視点を変えて，例えば2050年にはタンパクが1.4倍必要といったときに，そのときの消費者の構成として，一番お金持ちの人は代替肉を志向するとか，2番目のグループは本当の肉で，後のとにかくタンパクが欲しい人たちは植物タンパクそのものを食べるようになるとか，何かそのような50年当たりの消費の見込みの予測はあるのでしょうか。

佐藤 それに関しては，やはり所得が増えれば増えるほど肉を食べるという傾向は見えていますが，そのような視点で考えたことはありませんでした。

大谷 本物の肉を志向しない人がいて，その中の一部が動物福祉とか SDGs とか環境にいいということになると思うのですが，このあたりはいかがなのでしょうか。

佐藤 もしかしたら，動物福祉を考えている人たちがみんな肉を食べないとなると，結構，みんなつられていくので，肉を食べるのはかっこ悪いよねとなる可能性もあるのではないかとは考えています。そうすると肉なんて食べないでちょっと高くても培養肉を食べようとか，ちょっと高くても味が違っても植物肉を食べようという層が逆に増えていくのではないかという予測もあります。では肉は誰が食べるのかとなると，そもそも畜産自体が衰退していく可能性も無きにしもあらずかもしれないとは思っています。

大谷 では植物タンパクを直接食べればいいでしょうという大きな流れにもなるかなと思いますが，お考えがありましたらお願いします。

佐藤 そこは植物タンパクを増やしても，やはり農地がこれ以上増やせないという中で，植物タンパクだけでは補えないといわれています。植物タンパク

だけで補えない部分に関しては，培養肉になるのか，昆虫になるのか，他の発酵によるタンパク質になるのか分からないですが，タンパク質という側面だけで考えると，植物だけでは補えなくなる可能性は今の段階では高いといわれています。

大谷　畜産が多少下がってもということですか。

佐藤　はい。例えば畜産を下げて全部大豆に変えても足りなくなる可能性があるといわれています。

吉田　培養肉の今の技術的なところの一番のネック（障害）は，成長因子が非常に高価なので，これをどのように生産していくかということで，私が昔，現役のときに関わったチーズは，昔は牛の胎児からキモシンを採ってしかできなかったのが，遺伝子組み換えでできるようになりましたが，遺伝子組み換えでFBSを作るという試みは現にされているのでしょうか。

佐藤　恐らくFBS自体を遺伝子組み換えで作ることも試されていると思うのですが，それが実現したとは聞いていません。ただ，遺伝子組み換えをしたとしても，それが動物由来であることは間違いないので，FBSが動物由来であるということは，結局それは胎児から持ってきたのではないのかと言われてしまう可能性があり，植物由来の成長因子，例えばイースト由来などで作っているという現状があるようです。

　ただ，遺伝子編集により特定の細胞から成長因子代替品を生産しようとしている企業に関しては，遺伝子編集を用いて動物由来のものから成長因子を作っている可能性もあるとは思います。この辺は企業秘密で，私自身もそこまで詳しく分かっていない部分はあるのですが，今おっしゃったような方法が検討されていることは間違いないと思います。

座長　昆虫食についてお聞きしたいのは，開発途上国，あるいはタイのようなある程度開発途上国から抜け出した国も含めて，アジア，アフリカで昆虫食が100カ国以上あるとおっしゃいました。日本の場合は長野県を中心に今でも本当にわずかな方たちが昆虫食をされています。そうした中で，プロテインパウダー，せんべいなど徳島県あたりで大学といろいろされています。コオロギは

雑食性で飼育が容易だということがありますが，問題は共食いとか，ばたばた死んでしまうという感染症。これについての研究はかなりされているのですか。

佐藤　各企業の中でそれなりにされてはいるようで，徳島の大学はコオロギをすごく狭いケージの中に一つ一つ入れて共食いをしないようにする試みをされていると伺っています。そういう意味ではそれなりに研究はなされているようです。あと，センサーを飼育している場所に付けて湿度や温度が快適になるようにという対策など企業ごとに幾つかの研究はなされているという認識は持っています。

座長　日本人全体でいうとやはり昆虫というのは，パウダーは全然問題ないのですが，100カ国以上で行われているような昆虫食の食べ方というのはこれからそれほど増えるような気がしないのですが，そういうところも含めて佐藤先生は，これはあまり大きくならないというようなお考えだったのですか。

佐藤　おっしゃるとおりで，なかなか見た目とか心理的抵抗という部分があってハードルは高いのかなと思っています。ただ一方で北欧では，実は今後のタンパク質不足を見越して学校の給食で昆虫食を出しているそうです。まさにこれも消費者受容性の話になりますが，教育，どういうふうに育ってきたかという環境がやはり大きな要因になってくるのかなと思います。例えば今後本当にタンパク質不足になってきて食べなければならないとなったときに抵抗なく食べるために，日本もこのようにやっていった方がいいのではないかというところは，別の意味で議論は必要と思っています。

春見　微生物について，組み換え体を用いてホエイとか，カゼインを作るとか，水素酸化細菌でCO_2からタンパク質を作るという話が出ました。とても興味深いのですが，微生物自身を，例えば酵母なりを大量培養するということについては，細胞培養よりもはるかに簡単かつノウハウもあり，それ用のタンクとかも特に日本などはそろっているのです。その中で，藻類でもいいですが，微生物タンパクを利用する方が，培養に関して手っ取り早く簡単なはずです。一時期，微生物タンパクというのが注目されたことがありましたが，こちらの方

の流れにあまりいかない理由は何かあるのでしょうか。

佐藤 私見ですが，もしもそういうタンパクを作って今の代替肉とか乳製品と同じような見た目，味，食感が再現できれば，そちらに行く可能性は多分にあると思います。ただ，微生物よりも植物由来とか培養由来のものの方が手っ取り早く既存のものと似たようなものが作れるというところが差なのかなと思っています。今おっしゃっていただいたタンパク源をお肉とか牛乳とかアイスクリームとかに入れることでほとんど既存のものと変わらないものがもっと早くできるのであれば，そちらになる可能性は全くゼロではないと思います。

春見 30〜40年ぐらい前だと思うのですが，イギリスでマイコプロテインと称する糸状菌を使った微生物タンパクが売り出されたことがあります。食べた感触としては肉にはかないませんが，かなり近いものでした。ただ，当時は今ほどタンパク質が逼迫していなかったこともあり，いつの間にか廃れてしまったようです。他のものと比べてもそんなに違和感はなかったという印象が残っていますので，微生物タンパク質の可能性はもうちょっと考慮されてもいいのかなと私は思いますが。

佐藤 そういう技術的・歴史的なものを踏まえて考えた場合に，そのようになる可能性も全くゼロではないと思いますし，もう少しわれわれの方も，そのような面ももっともっと出てくるのではないかという点も踏まえて見ていければと思います。

座長 佐藤先生のお話，非常に幅広い分野で急速に進んでいる技術開発，そして投資の現状について，多くの方が理解しやすかったのではないかと思います。本日はどうもありがとうございました。

④食品ロスを循環させる新たなタンパク源としての「食用コオロギ」

渡 邉 崇 人*

はじめに

　2022年3月23日に第6回食用タンパク質研究会を開催し，徳島大学バイオイノベーション研究所の渡邉崇人助教より「食品ロスを循環させる新たなタンパク源としての『食用コオロギ』」と題して発表の後，意見交換を行いました。以下，その概要を紹介します。

渡邉　崇人　氏

話題提供

ア　なぜコオロギ？
ア）徳島大学で進めてきた基礎研究の概要

　そもそも私がコオロギの研究に入ったきっかけは，生き物の形，形づくりにすごく興味があって，一番面白そうだったのがコオロギの研究だったのです。1個の受精卵のときは細胞膜があって核があってという形ですが，それが細胞分裂を繰り返すとそれぞれの生き物の形になっていくわけです。突き詰めれば，なぜわれわれは，われわれなのかというところに行き着くわけですが，その中でも遺伝子に着目して，どういう遺伝子が相互作用してヒトを含めた生き物の形づくりが行われているのかというのを研究しようと考え，コオロギの研究室に入りました。

＊わたなべ　たかひと　徳島大学バイオイノベーション研究所助教（当時）

昆虫の形づくりの研究には，多くの場合，ショウジョウバエが使われてきました。ハエは進化的にかなり新しく，完全変態類でサナギになりますが，とても優秀な実験動物です。ただ，昆虫から生き物全体へということを考えた場合にはハエの研究だけでは足りないのでハエ以外の鱗翅目，甲虫目などさまざまな昆虫の形づくりの研究が進められています。

　コオロギは敵に襲われたら足を自切して逃げますが，何回か脱皮すれば元通りに再生します。人間が指が切れても再生しないのと比べると不思議ですが，再生する昆虫は，切った部位の内側に再生芽と呼ばれる何にでもなれる多能性の幹細胞が急に出現するのです。

　また，イナゴは1匹だけだと孤独相といってトノサマバッタみたいな形をしているのですが，大群になると群生相といって黒くて大きくて凶暴なものになって，群れで大移動できるようになります。同じ生き物なのに固体密度によって形が全然違うようになります。

　こうしたことがなぜ生じるのかに興味を持ち基礎研究を続けました（**図1**）。

イ）　食用コオロギに関する応用研究の概要

　2016年に徳島大学に生物資源産業学部という学部ができ，コオロギを社会の

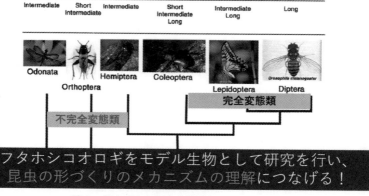

図1　昆虫の主な目の分岐図と germ types

役に立てる，つまり産業化していく研究をしていこうと考えました。

　コオロギの産業利用として，養殖魚の飼料，ワクチン製造の生物工場など，いろいろ考えたのですが，結局，人口増加による食料問題への解決策として活用するのが正しい方向だろうと考えました。

　また，FAO（国際農業食糧機関）の2013年に昆虫食に関する報告書が出て，この報告書どおりに世界は動きつつあると気付きました。実際に16年当時のアメリカとかヨーロッパの方では昆虫のスタートアップ（新興企業）が幾つも立ち上がりつつありました。

　翻って日本を見てみると，当時，昆虫を実際に大きな産業にしていこうという企業はそもそもなかったですし，大学の研究者も，昆虫を食料にしていくのだと大々的にやっている人はいなかったのです。

　なぜ昆虫を食料にするかというと，まず，既存の畜産と比較して飼養効率が極めて高いからです。1kgの体重増加を考えると，ウシだと10kgぐらい餌が必要ですが，昆虫は，1.7kgぐらいで1kg増えます。ちなみに，コオロギでわれわれが知っている最も効率の良い餌は，1kg与えると1kg増えます。ほかに水は当然必要ですが，水＋1kgの餌で1kg体重を増やすことができます。水も少なくて済みます。ウシだと牧草を育てるために水を大量に必要としますが，昆虫ではそんなに必要ありません（図2）。

　もう一つの大きなポイントは温室効果ガスの問題です。人間の社会生活で排出されるうちの20％弱がウシのゲップだということで，これ以上ウシを増産するのは厳しいです。その点，昆虫であればかなり効率が良くて，さらに環境に優しいというところがあります。

　その昆虫の中でなぜコオロギなのかというと，まず，飼育が簡単であることです。さらに育つ早さ，体のサイズがなるべく大きいということもありますが，最も重要なのは食性です。カイコが桑しか食べないように昆虫は1対1の食性を持つものが多いのですが，コオロギは何でも食べる雑食です。このことがとても大事で，われわれはコオロギに注目して事業を進めているところです（図3）。

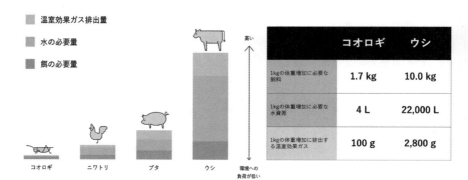

図２　昆虫は持続可能で環境に優しいタンパク質

	コオロギ	ウシ
1kgの体重増加に必要な飼料	1.7 kg	10.0 kg
1kgの体重増加に必要な水資源	4 L	22,000 L
1kgの体重増加に排出する温室効果ガス	100 g	2,800 g

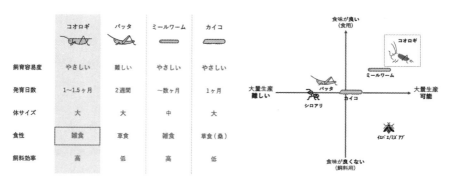

図３　コオロギは食用利用に有用な特徴を有する

	コオロギ	バッタ	ミールワーム	カイコ
飼育容易度	やさしい	難しい	やさしい	やさしい
発育日数	1〜1.5ヶ月	2週間	〜数ヶ月	1ヶ月
体サイズ	大	大	中	大
食性	雑食	草食	雑食	草食（桑）
飼料効率	高	低	高	低

　大学で産業化研究として実施しているのは以下の３点です。まずは，コスト
を下げるための高効率化です。人手をかけてコオロギを育てるのではなくて自
動の飼育システムの開発や，ゲノム編集技術による系統育種を進めています。

　次に事業性です。当然，産業化していくにはみんなに買ってもらわないとい
けないので，事業性を担保していくためには機能性を明らかにしていく必要が
あります。

　さらに，持続可能性研究として食品残渣だけで飼える技術の確立を進めてい
ます。

具体的には自動飼育システムを作っていこうというのがスタートになります。餌や水の供給は人力では大変手間がかかるので，空間を最大限活用できて，なおかつ餌と水を自動で供給できて，さらに出荷サイズに育ったコオロギを，ふんやごみや脱皮殻と分けて自動で集める，われわれは収穫と呼んでいますが，そういう作業を自動化できるというコンセプトで飼育システムの開発を始めました。

　町工場の方々に協力いただいて，空間の利用効率を上げるため B5サイズの小さい箱で空間の利用効率を上げることに成功して，現在ではある程度大きな，大体縦2 m，幅1.5m，奥行3.5mぐらいの一つの箱になっています。今はこれを実用化に向けて調整中です（図4）。

　さらには品種改良ですが，私の専門である遺伝子工学，特にゲノム編集技術を生かし，短時間，簡便，低コストでさまざまな系統を作っていこうということです。その技術自体は，徳島大学で既に実用化レベルになっています。実際にゲノム編集では，食味を良くしていくとか，コオロギはエビ・カニアレルギーがありますのでアレルゲンの除去であるとか，より大人しく共食いせず，より早く育つ系統を高度な品種改良により作出していこうと計画しています（図5）。

高効率化によるコスト低減 **革新的コオロギ生産技術の構築**
- 自動飼育システムの開発
- ゲノム編集による系統育種

事業性の担保 **社会受容性の向上**
- 機能性の解明
- 商品の試作・啓蒙

持続可能性の向上 **食品残渣での飼育技術の確立**
- 安全性の確立
- 残渣活用評価が可能な体制の構築

図4　コオロギ産業化のために必要な研究とは？

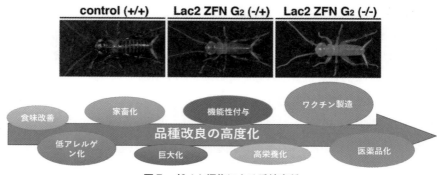

図5 ゲノム編集による系統育種

　2020年から政府のムーンショット型研究開発事業にわれわれのコオロギの事業が採択されて，日本の10大学と共同研究の形でコンソーシアムを作って研究を進めています。

　ただ，一方で企業の新規事業部局と協力してコオロギの産業化を企画してもなかなかうまくいきませんでした。なぜかというと，やはり既存事業があるので，昆虫の新たな事業をして既存事業に対するネガティブイメージが付いたらどうするのだという社内のネガティブな意見を，新規事業部が突破できなかったというのが大きな点です。それが実際に何度も続いたのです。これではらちが明かないので，自分たちが社会実装していこうとベンチャーを起業するに至りました。

イ　グリラスが目指していること
ア）食用コオロギを社会実装するためのベンチャー起業

　それで2019年５月に会社を設立しました。実際にコオロギの生産を８月ぐらいにスタートさせて，幸運なことに20年５月に無印良品からコオロギせんべいを発売できました。そこからわれわれはスタートアップとして資金調達をして，自社ブランドの商品をリリースしたり，徳島県の中で生産拠点をさらに拡大しつつ，研究開発型のスタートアップということでラボを設置したりしまし

た。その中で，幸運なことに21年6月に発売したわれわれの商品が22年1月に日経優秀製品・サービス賞を頂くことができました。

　会社としては「HELLO! NEW HARMONIES」というビジョンを掲げ，「生活インフラに革新を」ということで，タンパク質不足を解決し，サステナブル（特続可能）なフードサイクルを実現していく。そしてコオロギが生活の中で当たり前になる未来をつくるというのがわれわれのミッション（使命）になっています。

　昨今問題になっているタンパク質不足の問題と矛盾する課題として，食品ロスという問題があります。食料が足りないと言いながら，世界では年間生産量の3分の1を捨てているとか，日本においても輸入している割に大量に捨てているという問題があります。この矛盾をコオロギによって解決していきたいと考えています。コオロギによって環境に優しいタンパク質を供給することと，食品ロスの問題を解消していくことです。これによって持続可能なフードサイクルを構築して，全ての人に良質なタンパク質を届けることを実現していきたいと考えています。それを実現するのはフタホシコオロギです。学名ではGryllus bimaculatus といいますが，この Gryllus（グリラス）を社名にしています（**図6**）。

イ）食用コオロギビジネスの実際

　昆虫食ビジネスのトレンド（動向）としては，世界的には2013年の FAO の

コオロギによって
> 環境にやさしいタンパク質の供給
> 食品ロスの解消

Gryllus bimaculatus
フタホシ**コオロギ**

持続可能なフードサイクルを構築し、
全ての人に良質なコオロギタンパク質を届ける

図6　グリラスが目指したいこと

報告書と前後してさまざまな企業ができています。YNSECT というフランスのミールワームの会社，ENTOCUBE（エントキューブ）というフィンランドのコオロギの会社，ASPIRE（アスパイア）というアメリカのコオロギの会社など大きな会社が出てきています。皆13年前後に立ち上げていて，中でもYNSECT は大きくて，最近400億円ぐらいの資金調達をして大規模な昆虫工場を建てています。ASPIRE は米国で一番大きなコオロギの会社で，米国では独占状態です。

　そのような中，2018年の EU のノーベルフードの認定は大きなインパクトとなりました。EU（欧州連合）の日本でいう厚労省に当たる所が昆虫を新たな食材だと認定して，食品として昆虫を食べてもいいと言い出したのです。その安全性はどうなっているのか３年間の審査を経て，食品として安全という認定があり，販売が自由化されつつあるという状況です。

　マーケットの規模としては，年間40％ずつ増加していると見積もられていて，2030年には8,000億円ぐらいの市場になるのではないかといわれております（**図7**）。

　日本でも昆虫のスタートアップ，ベンチャーが20〜25社ぐらいあります。スタートアップ的に投資して拡大してという所はわれわれともう一つぐらいです

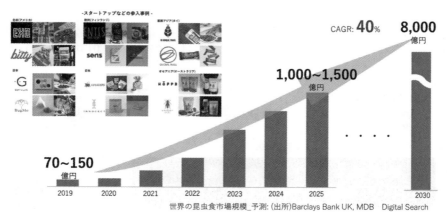

図7　世界の昆虫食マーケット規模

が，参入は増えてきている状況です。

　われわれの事業領域としては，コオロギを生産するアグリカルチャーの部分から，できたものを食品・食材にしていくフードのところ，さらには，機能性成分などを使って研究開発力を生かしたウェルネス（心と体の健康維持）の分野まで事業領域を展開していきたいと考えています。

　現在はフードの領域がメインです。われわれが生産をやりながら，生産パートナーを獲得してノウハウを提供し，生産されたコオロギはわれわれが全部買い取り，加工してグリラス印の国産コオロギ原料として食品メーカーや飲食店に販売するという状況になっています。食品メーカーから製品が消費者に届き，さらにはわれわれが消費者の方と直接対話するために，自社ブランドの商品を作って販売を続けているところです。

　生産では，われわれは長年続けてきた飼育のノウハウがありますので，繁殖から養殖，そしてわれわれが収穫と呼んでいる育ったコオロギを集めてそれを食品に加工する所，これをワンストップ（1カ所）でできる国内の工場をつくっています。今は徳島県美馬市にある廃校を借りて，コオロギの生産および加工を行っています。最大20tくらいの生産を見込んでいます。

　生産量は，今年から来年にかけてパウダー（粉）として1日100kg生産する計画になっています。規模拡大に伴って，加工・生産のコストも前年度に比べて3分の1程度まで圧縮することができ，何とか一般の商品として出すぐらいまではいけるかなというところです。

　品種改良は，まずは食味改善，低アレルゲンなどの系統を作りながら，高歩留まり，つまり，より生産性を向上したような系統を作る。そして，より高度な品種改良としては，体内でワクチンを作らせたり，高栄養化したものを系統として作っていこうと計画しています。技術としては既に確立していて，後はやるだけという状況になっています（**図5**）。

　フードチェーンで（食品の生産から消費までの流れ）は，さまざまな所から食品廃棄物等が出てきています。これらを使ってコオロギを生産していくことが今後とても大事になってくるだろうと思います。さまざまなタンパク源があ

る中で，コオロギが強いのはここだろうと研究開発を進めています。

　食品残渣の組み合わせによって，最近ようやく既存の餌と遜色ないぐらいに食品残渣100％の餌で育てられるようになってきています。メインは，小麦のふすまで，こちらをメインにして，効率良くコオロギを生産することができるようになってきています。

　フードの事業としては，3種類の食品原料を販売しています。一つは食用コオロギのパウダーです。これはかなり高タンパクで，干しエビとか煮干し系の風味とうま味があるようなパウダーになっています。二つ目はこの加工工程で出るいわゆる一番だしのようなものを濃縮した国産のコオロギエキスです。これも結構海鮮系の香りがするのですが，貝類に似た強いうま味が出て，調味料的なものになっています。三つめはコオロギをパウダーに加工する工程で出るオイル，コオロギから抽出したコオロギオイルというのをラインアップしています。

　パウダーの栄養価ですが，タンパク質が100g中76gでかなり高タンパクなものになっています。さらに，精製していないので，さまざまなビタミン類やミネラル類，食物繊維などが多量に含まれています（**図8**）。

　食品メーカーが，興味はあるけれども自社のラインに乗せるのが難しい場合は，われわれがOEM（相手先ブランドによる生産）先の工場を紹介して，われ

基本情報	
エネルギー	414 kcal
水分	2.9 g
たんぱく質	**76.3 g**
脂質	10.8 g
灰分	4.5 g
炭水化物	5.5 g
ナトリウム	348mg
食塩相当量	0.884 g

ビオチン含有量 (100g中)	鶏卵の約 4 倍
亜鉛含有量 (100g中)	牡蠣の約 1.7 倍
食物繊維含有量 (100g中)	キャベツ 4 倍
カルシウム含有量 (100g中)	牛乳の約 2 倍
葉酸含有量 (100g中)	ほうれん草の約 3 倍
鉄分含有量 (100g中)	牛レバーの約 1.7 倍

(参考)日本食品標準成分表2020年版(八訂)

図8　コオロギパウダーの栄養価

われの商品として販売していただくことなどで市場をより広げていこうという活動を続けています。

　さらには，自社ブランドになりますが，C.TRIA（シートリア）というブランドを立ち上げています。C.TRIA は C が三つという意味です。循環型（circular）で養殖（culture）したコオロギ（cricket），circular cultured cricket ということで，C 三つの頭文字で C.TRIA というブランドにしています。まずはスナックとしてクッキーやクランチを発売しました。こちらが幸運なことに2021年の日経優秀製品・サービス賞の日経産業新聞賞を受賞しました。

　他にも，コオロギのパウダーやエキスが入ったカレーやパンをラインアップしています。

　さらに，ウェルネスでは，さまざまな機能性，特に外骨格の中にあるキチンからさまざまな用途の原料を作ることができるので，化粧品などに応用していこうとか，キチン以外にも，脂質中の機能性成分の解析を進めているところです。

ウ　コオロギフード普及に向けた課題とグリラスのソリューション
ア）コオロギを食用として発展させるための課題

　コオロギフードを食用として発展させるときの課題としては，まず，昆虫食という言葉を聞いて持つイメージの問題があります。環境にいいとか，サステナブルだとか，おしゃれとか，このような感じのことを思ってもらえればハッピーなわけですが，実際にはネガティブなイメージを持っている人の方が多いわけです。気持ち悪いとか，まずそうとか，不気味とか，こういうイメージです。昆虫食というワードには，もう言霊的にこうしたイメージが付いてくるというのがあって，このイメージを払拭するのがとても大事だろうと考えています。

　具体的に昆虫食，食用コオロギに対する心理的なハードルは，大きくは三つあると思っています。まずは気味が悪いというか嫌悪感です。そもそも昆虫は食材ではないというイメージがあります。これが結構大きいです。

次に，食べたことがない故に，食べて大丈夫なのかという不安があります。エビやカニなども正面から見ると気持ち悪いのですが，食べるときに気にする人はいません。昆虫食の場合，知らないから考えてしまうのです。

　さらに，食べたことがないが故に，味への不安があります。どういう味がするのかそもそも分からないし，今ある食卓の食事が損なわれるような不安が付いてくる。この三つが大きな課題としてあります。

　それで，われわれは昆虫食という言葉を変えていかないといけないと思っています。そこで，先ほどご説明した循環型の生産体制ということで，コオロギを新たな文脈で語っていくために，最近われわれはいろいろな所でサーキュラーフードと言うようにして，循環型の食品としてコオロギを出していこうと考えています。

　昆虫食に対する嫌悪感のアンケートが幾つかあるのですが，2018年にはネガティブイメージが65％という状況だったところから，20年には47％とだいぶましになってきているという調査もあります。聞き方とか対象によっても変わってくるので，これを完全に信じているわけではないですが，徐々には改善方向にあると思います。抜本的に改善していくためには，やはり無印良品のようないいブランドイメージを持っている企業に参入していただいて使っていただくことが必要と思います。われわれのような昆虫をやっている企業が「昆虫はいいですよ」と言えば，「それは自分がやっているのだから，いいように言うのは当たり前だろう」と言われますので，われわれではないメーカーに使っていただければ，改善していけるかなと思っています。

　また，食品工場における課題もあります。食品工場は昆虫が入ったら回収騒ぎになるので，能動的に持ち込むなどあり得ないだろうと，われわれが営業で食品工場に昆虫のサンプルを持っていっても「入らないでくれ」と言われます。最近はましになってきましたが，それぐらい言われます。さらに食品メーカーは，商品を出すとなった場合に，既存商品へのイメージをやはり気にします。当然，チョコレートを作っている会社がコオロギチョコを作った場合に，「え，あそこは昆虫を使っているの？」となると，既存のチョコレートにネガティブ

イメージが付くかもしれないという不安感があるわけです。

　もう一つの大きな問題が，アレルギーの表示です。コオロギはエビ・カニと同じアレルギーがあります。普通の食品メーカーの工場だと，ラインに甲殻類アレルギーを使わないことが多いのですが，そこでコオロギを使おうとすると，この商品は甲殻類アレルギーがあるものを扱っているのと同じラインで作っていますみたいな文言を書かないといけなくなるのです。そうすると既存の商品のラベルを全部変えないといけなくなるということで，実はかなりハードルが高い問題になっています。

イ）循環型食品サーキュラーフードとしての発展について

　サーキュラーフードというのはわれわれが作った言葉です。定義は今みんなで決めつつあるところですが，環境負荷を低減すること，食品ロスを主要原料とすること，新たな技術を導入して生産することの３点です。環境負荷を低減させながら，新たな技術によって食品ロスを原材料として生産された食品や食材のことをサーキュラーフードと言えるのではないかと考えてこの言葉を使い始めています。フードサプライチェーン（農産物の生産，食品加工から消費までの流れ）から出てくるさまざまな食品ロスや食品廃棄物等をアップサイクル（創造的な再利用）して，原料として生産された食品を，われわれはサーキュラーフードと呼ぼうと考えています。

　コオロギは農業残渣や加工残渣など食品ロス100％で育てられるようになってきていますので，われわれが考えるサーキュラーフードに合致するようになってきています。

　環境系のイベントとかフードテック（新技術を活用した新しい食産業分野）系のイベントでいろいろなベンチャーと知り合う機会が増えました。われわれ以外にも食品ロスや食品廃棄物を使って食品をアップサイクルしている企業は結構あるのですが，みんなで集まって議論するような場がなかったので，2021年の９月に，農水省がリードしているフードテック官民協議会の中にサーキュラーフード推進ワーキングチームをつくらせていただきました。われわれはコ

オロギですが，この中にいる CRUST Japan は食パンとかパンの廃棄物からビールを作っています。AlgaleX（アルガレックス）は沖縄で食品ロスから藻類を育てて機能性の DHA（ドコサヘキサエン酸）などを作っています。そういうさまざまな企業と一緒にやっています。言い出しっぺの私が代表になっています。

ここでは，食品ロスの情報を食品メーカーからいただき，われわれベンチャー等々からその食品ロスはこのようにアップサイクルできますという形で情報，技術をマッチングして共同事業をスタートさせることができればと考えています。

また，どういうものがサーキュラーフードになるかという具体的な事例等々を踏まえて，認証制度を作っていこうと考えています。

さらに認証制度で実際に認証されたがものがどれぐらい食品ロスを削減しているのか，その可視化や定量化を進めて，これによってどれくらい削減できるかが分かるから，その商品の購入者に削減量に応じてポイントを渡して，そのポイントでさらにもう1回買っていただくことができないかと考えています（**図9**）。

こういう活動を通じてわれわれはコオロギを一般社会に浸透させて，一つの大きな食品の分野，領域として確立していこうと考えております。何とぞご支援のほどよろしくお願いいたします。

図9　食品ロス活用に関する情報交換の場の形成

質疑応答・討論

春見　サーキュラーフードの考え方というのは，環境負荷の低減や資源のリサイクルの観点から，今まさに取り組まなければいけない課題だということで，この考え方自体は誰にも受け入れられると思います。一方，サーキュラーフードという概念はまだ誰も経験のない新しいものなので既存のマーケットに切り込んでいってシェアを一定程度獲得していくためには，やはり昆虫タンパクの持つ既存のタンパク資源にない魅力や良さを打ち出していかないといけないのではないかと思います。そういった意味で，先生のお考えにある昆虫タンパクでしかあり得ないという，いわばセールスポイントのようなものはどういったところにあるのか，教えていただければと思います。

渡邉　昆虫だけしかないというところが実は結構難しくて，例えば昆虫は先ほどお話ししたようにさまざまな機能性のあるビタミンやミネラルなどが大量に含まれていて，さらには機能性の成分があるということも明らかになりつつありますが，そういう機能性成分は実はコオロギだけが持っているわけではないのです。例えばホエイタンパク（牛乳由来のタンパク質）がタンパク源としてありますが，あれは結構純粋なタンパクを精製していますが，そこに例えばビタミンを後から添加して製品とすることができるわけです。成分を全く同じように調整することも可能になってくるので，今はコオロギにしかない機能性を明らかにしようと機能性の解析を進めているところです。

　他方，牛肉を食べるときは，別に栄養素がどうだから食べるわけではないと思います。食材として一般的に今日は鶏肉を食べよう，今日は魚を食べようと考えるものなので，そこを，いきなりコオロギを食べようとはならないと思うのですが，この10年ぐらいの間に普段の食生活の中で，今日のメインは鶏肉であったり，豚肉であったり，週に1回ぐらいは何か新しい代替タンパクの食材にしようかなと思ってもらえて，その中の候補として，培養肉とかもありますが，今日はコオロギを使ったものでも作ってみるかと思ってもらえるような状況をつくるということを目指しています。

座長　含有するタンパク質の組成のアミノ酸，コオロギをパウダーにしたときにどのようなアミノ酸がどの程度かというのも分かっているのですか。

渡邉　もちろんそれは解析しています。

座長　その中に何か特徴的なものはないのですか。というのは，サントリーが今，「ロコモア」という健康食品を，筋力が衰えてきているお年寄りをターゲットに売っていますが，それはかなり高い値段で機能性食品として売られています。だから，当分の間はコオロギも一種のサプリメントとしていくべきではないでしょうか。そのぐらいしか量的にはタンパク質としては入らないので。

渡邉　そうですね，アスリート等々だと1食で10数 g を取ればタンパク源としては十分といわれています。

座長　もう一つ，機能性食品というふうに考えたときにはタンパク質ではなくアミノ酸なのです。どういうアミノ酸がどのくらいあるのか。これを言えると，当面はサプリメント的な良さがあるといえる。せんべいだけではそんなに食品ということにはならないので，そのときに，コオロギのタンパク質はフード事業のパウダーの栄養価の中で76.3 g という，これはすごいことですよ。これの中身で何か誇るべきものはないのですか。

渡邉　例えばシステインやBCAA（分岐鎖アミノ酸）みたいなものは比較的多く含まれています。

座長　いや，比較するのは，今は代替タンパクだから，牛肉と豚肉と鶏肉しか比較する意味がない。代替タンパクでこれを何とか減らしたいと思うわけです。特に問題があるのは牛肉ですね。だけれども，それを減らすために昆虫でタンパクを取ろうということなので，比較するのはその三つでいいです。他と比較する必要はないでしょう。

渡邉　そういう意味でいくと，牛・豚・鶏とアミノ酸組成として大きく変わるところはないです。やはり動物として筋肉であるとか細胞を維持していくというところでは，アミノ酸の組成というのはそれほど大きく異なってくるものではないので，かなり似通った組成になっています。それで，われわれが解析を進めているのが，アミノ酸単体ではなくて例えばペプチドです。例えばトリペ

プチドとかペンタペプチドぐらいの幾つかのアミノ酸の連なりによって機能性を発揮していくというのがあるので，今，解析を進めているところです。

座長　もう一つ，サーキュラーフードという名前はなかなか定着しないのではないかという気がしています。サーキュラーフードの元祖は何かというとブタの餌なのです。ブタの餌は食物残渣で飼育しているところが多いです。元々，ドイツが最初に始めたのですが，あの飼育現場を見ると本当に悲惨なものですよ。みんな流動食で与えていますから。

渡邉　エコフィードというものを与えていますね。

座長　これはアニマルウェルフェア（動物福祉）の問題かもしれませんが，エコフィードと言われるのもちょっと嫌なのですが，サーキュラーフードについても何かもうちょっといい言い方はないかな。日本語でいけないのは，残渣とか，何となく暗いイメージの言葉がどうしてもつきまとうのです。サーキュラーはそれに比べたらいいのですが，もうちょっと明るいのがないかなという感じです。これは私の個人的な意見です。

腰岡　コオロギの場合，卵，幼虫，成虫となるのですが，ここでは成虫だけを原料として使っているのでしょうか。

渡邉　コオロギを食用に使うときに，実は他の畜産も一緒なのですが，成虫とか親になるところまでは育てません。幼虫の段階で出します。繁殖用は繁殖用として別で系統維持の方に回すということで，これ以上使用しても大きくならない，一番大きくなったぐらいの幼虫を出荷し，一部繁殖に回すものは繁殖に回していくという形を取っています。

腰岡　バッタとか，売っているものはほぼ成虫で，バッタの形をしているものが売られているので，ここでもそういうのを使うのかなと思いました。

渡邉　バッタは天然物ですので，バッタの形になったもの以外捕まえられないので，仕方がなく売っているだけで，バッタも幼虫の方がもっと殻が軟らかいのです。昆虫は成虫になると硬くなります。せっかく成虫になったのに食べられたら，たまったものではないということで硬くなってしまうのです。特にコオロギなどは生存戦略として大量に卵を産んで，大量に幼虫が出てきて，大

量に食べられて，ごく少数が成虫になって，またその成虫が大量に卵を産んでというのを繰り返す生き物なので，幼虫のときは結構軟らかくて加工もしやすいです。でも，成虫になってしまうと殻の部分が硬くなって食用には適さなくなり，加工特性も下がってきます。

座長　コオロギは雑食性ですね。大量に飼育すると共食いすると思いますが，共食い対策はどうやっているのですか。

渡邉　普通に飼うと40％ぐらいは共食いで減ります。

座長　40％は結構大きいですね。

渡邉　はい。コオロギは卵をめちゃくちゃ産む生き物で，1匹のメスが1,000個の卵を産むのです。普通に飼うと40％減って60％生き残るので，一つのつがいから600匹次の世代が取れるということで，実は共食いで減る分はさほど大きな問題にはならないのです。

座長　それはいいですね。

渡邉　品種改良の方向性としては当然，歩留まりを上げる，共食いしない系統は作ろうとしていて，例えば，より大人しいとか，けんかをしないとか，そういう系統は品種改良のポイントではあります。

吉田　卵を産んでから加工される幼虫までの飼育期間は？

渡邉　1カ月です。そこからもう2週間くらい飼うと大きくはならず卵を産める成虫になります。1カ月で出荷サイズになるのに，そこから先は餌が無駄になってしまうので，食用にするものはもうそこで止めています。

吉田　その幼虫と言っているのは，いわゆるコオロギの形になっているのですか。

渡邉　形としては，羽のないコオロギみたいなものです。

大谷　生産から育種も含めて，それからフードチェーン全体を見据えて最後はマーケティングの方向までお示しいただいて，非常に有望だという気がしたのですが，三つほど質問があります。

　一つ目は，EFSA（欧州食品安全機関）が安全性を認定したということなのですが，コオロギとして安全性を認定したのでしょうか。二つ目は，コオロギ

のタンパク質というのは一体，コオロギの体のどのあたりに一番多く含まれているのか例えば分離精製してタンパクの多い画分だけ取るということは考えていますか。三つ目は，自社販売だけだと足りない気もしますが，他にもチェーン店のような大きな販路はあるのでしょうか。

渡邉 ヨーロッパでは，コオロギとミールワーム，コオロギの中でもわれわれが使っているフタホシコオロギはまだ入っていないのですが，ヨーロッパイエコオロギとジャマイカンフィールドクリケットと，もう一つ何か入っていたと思います。それぞれのコオロギの種に応じて認定がされています。あとはミールワーム類の中にも幾つかあって，ジャイアントミールワームとバンブーワームと何かが入っていたと思います。それぞれ個々別々の生物種によって安全認定がされているという状況になっています。

大谷 先生のお使いになっているのはまだ対象にはなっていないですか。

渡邉 はい。とはいえ東南アジア等々では一般的なコオロギですので。

大谷 食経験はあるのですね。

渡邉 そうです。なので，近いうちに恐らく入るだろうと想定しています。次にタンパク質はコオロギのどこら辺にということですが，ほとんど体幹部分ですね。

大谷 それは分離精製が可能なのですか。ある程度，遠心分離するとか。

渡邉 遠心分離等々ではなくて，例えばプロテアーゼみたいなもので抽出するというのは結構簡単にできます。そうすると殻の部分と脂質を分けるというのはできます。

大谷 それはまだやられていないのですね。

渡邉 そうですね。現状，そこにリソース（資源）を割くより，パウダー状態で販売できる販路を開拓する方が先ということで，われわれとしてはまだそれはやっていません。要望があればそういうタンパクを抽出してみたいと考えてはいます。

　販路については，無印良品にはかなり初期からわれわれに注目していただいていたのです。実際に2020年５月にコオロギせんべいを発売しているのです

が，普通，大企業の商品開発は２年ぐらいは最低かかるわけです。無印はトップダウンで，会長から「無印で絶対にやるから最速でやれ」という指令が出たので，19年４月ぐらいにわれわれの所に来ていただいて半年後には商品ができました。ここから，資金調達の後ぐらいから，われわれも無印以外の販路の開拓を実は続けています。恐らく近いうちに幾つかオープンにできそうな状況になってきています。

佐本 雑食という説明がありましたが，やはり生産性という意味では，適性のある餌を大量に確保して生産性を上げることで粉末の価格を下げることができるのだと思いますが，一方では，餌を選ばずに廃棄物を何らかの処理をして，それほど生産性は上がらないのですが，それをサーキュラー食品として販売するという二つの道があると思うのですが，先生はどちらの方をお考えでしょうか。もし生産性を重視するのであれば，粉末の目標価格などをお示しいただければと思うのですが，いかがでしょうか。

渡邉 おっしゃるとおり二つの方向性があると思っています。まずは何と言ってもコオロギを大量に市場に流通させるというミッションがあるわけで，それにはやはり価格を下げることも必要なので，生産性を上げていくことに関しては，食品残渣100％と言いながらも効率良く育てられる餌の組み合わせを使っていく必要があると思っています。

　他方，食品工場から出ている残渣をコオロギが食べて，もう一度その食品工場にコオロギが帰っていって，そこで商品化されていくという循環をつくる場合は，その食品メーカー専用のコオロギになるわけです。であれば，そこはもう契約の話なので，実はさほど効率を求めなくてもいいのではと思っています。

　実際に，ある食品工場から出る食品廃棄物だけでコオロギを育てるのはほぼ不可能というのは既に分かっています。無理しても効率がとても低くなるので，それはせずに，食品残渣100％の効率の良いベースの餌が存在しているので，それにその食品工場から出る残渣を一部添加していって，例えば20％はある食品工場の残渣を使って，残り80％はコオロギのベースフードとして，それによって生産性を担保しつつ，その工場専用のコオロギにしていくということを考え

ています。

佐本　魚の場合ですと吸収効率が悪いので餌をある程度ペプチドにしたりとか，吸収とかの問題があってちょっと低分子のものが必要かなというのがあるのですが，コオロギの場合も同じなのでしょうか。

渡邉　今，そこまで分かっていないというのが正直なところですが，分からないなりに残渣同士を組み合わせてみるということをしている状況です。

佐本　先ほどしょう油の残渣とおっしゃっていたので，ひょっとしたら，そういう発酵が効いているのかなと思ったのですが。

渡邉　おっしゃるとおりです。実はコオロギはじめ昆虫は一般的に発酵したものが好きなので，特に食いを良くするところでは結構効いてくるポイントかなと思っています。酵母発酵が効きます。乳酸発酵はあまり好きではないです。

佐本　目標の価格帯などはありますか。

渡邉　今，われわれとしては 1 kg3,000円というのが一つのターゲットになっていて，それで販売しても粗利が残る状態というのを目指しています。なぜ3,000円かというと，現状，ホエイタンパクのプロテインが大体 1 kg3,000円で市販されているので，同等程度の価格まで下げないといけないと思っています。

佐本　プロテインパウダーの市販の価格よりも原料価格はかなり低いと考えられます。価格帯が下がれば，先ほどありましたように，タンパク素材として，健康サプリメントとして他にない特徴を生かしてすごく魅力的なものになるのかもしれません。

春見　タンパク質そのものには特に大きな特徴がないということですが，総エネルギー414kcal のうち糖質というか炭水化物はどのようなものが入っているのですか。

渡邉　炭水化物の中では，糖質はほぼゼロに近いです。この炭水化物は食物繊維がメインで，糖質はほとんどないです。

春見　よく昆虫のスーパーパワーといって，チョウが何百 km も飛んでくる，あのエネルギーはどこにあるのかというときに，例えばトレハロースだとかの

蓄えた栄養成分が効くという話もあります。それからビタミン，ミネラルも牛乳の２倍だとか，鶏卵の４倍とか，結構すごいですね。だから，タンパク質だけにとらわれるよりも，むしろこちらをターゲットにちょっと特殊な製品を目指すこともいいのかなと思いました。

渡邉　そうですね。機能性のあるタンパク源というような形での商品開発は幾つか進めています。ビタミン，ミネラルを高含有した商品開発を進めています。

春見　それと，コオロギに対する抵抗感というのは，見た目がやはりゴキブリなどに似ていることが大きいように感じます。ゴキブリは腸内に有害菌だとかウイルスを持っているから危険だといわれているのですが，コオロギも見た目が似ているから同じではないかという先入観は恐らくあるのだろうと思います。ゴキブリでも，ちゃんとしたクリーンで衛生状態のいい所で育てれば，そういう危険性はないということは言えるのですか。

渡邉　言えます。実際に中国では飼っていて，漢方薬を作っています。聞いた話では，四川省の山奥に行くと５階建ての窓のないビルが建っているそうで，その中で暗黒状態でゴキブリを大量に飼っているそうです。

春見　汚いところに住んでいるからゴキブリは危険ですが，そうでなければ大丈夫だということも一緒に併せて理解してもらうことで，消費者の抵抗感をなくすやり方もあり得ると考えてよいでしょうか。

渡邉　とはいえ，ゴキブリのイメージはなるべく排除していきたいと思っています。中国人も，その漢方薬を実はゴキブリと知らずに飲んでいる人が大半なのです。

諸岡　2030年には市場規模が8,000億円ほどになりそうだとのお話でした。私たちも関心を持っているSDGs（特続可能な開発目標）は2015年に始まり，当面の目標年を30年としています。昆虫食は20年からわずか10年後のこの年に80倍ほどの市場規模を見込まれています。かなり強気の伸びにも思えますが，ベンチャー企業を実際にけん引されている渡邉さんは，この動向を読みどう対処されようとされているのか，気掛かりな点を含め補足いただけましょうか。

渡邉 そうですね。特に年率40％というのがここの大きなポイントになって くると思います。2019年，20年，21年というのは年率40％以上で日本の市場は 成長しています。それは，20年に無印のコオロギせんべいが出て一気にドカン と市場が広がったわけですし，これから22年，23年と，日本の市場で考えると， われわれの仕掛けによって幾つかメーカーから商品が出たり，飲食店のチェー ンで使われるようになったりと市場は広がっていくので，日本市場においては 40％以上のペースで拡大しています。でも，これが30年まで続くかどうかとい うのが大事です。今のペースを緩めず続けていくために，守りに入らないとい うのが特にスタートアップとしては重要で，攻めの投資をしていくというのは 心掛けようと思っています。

　世界に関して言えば，今，東南アジアから相当量が欧米に輸出されています。 実は東南アジアの人たちは昆虫を常食としてきたわけですが，欧米で高く売れ るということで彼らが食べる分まで輸出しています。タイ政府も推奨してい て，コオロギ御殿が建っているといううわさも聞きます。それぐらい世界的に 市場は拡大傾向にあるのは間違いないです。これをずっと40％で30年まで続け ましょうというのが昆虫をやっているスタートアップのみんなの共通認識だろ うと思っています。

座長 ありがとうございました。本当に今日はいい話を聞かせていただいた と思います。私は，渡邉先生が昆虫好きでなかったというのは素晴らしいこと で，これがやはり効いていると思います。それから，日本でいえば長野県，東 南アジアのいわゆる伝統的昆虫食とは一線を画した形で物事を考えられてい る。やはりこれまでの伝統などにとらわれていたら，こういう形には展開でき なかったのではないかと思います。しかも，コオロギに関する基礎研究をやっ ておられたというのも何らかの形で効いているのではないかという気がして仕 方がないです。

　これからいろいろなことが起きるかもしれませんが，この間，ある所から聞 いたのは，欧米で代替タンパクの消費量が頭打ちになりつつあると。どうして かというと，値段が普通のタンパクより高いというのです。確かにアメリカな

どで牛肉を買ったらめちゃくちゃ安いわけです。その中で，SDGs とか健康，世界の環境あるいは自分の健康問題から，かなりレベルの高い人たちが代替タンパクの方に流れてきました。ひょっとすると日本も2030年ぐらいにはそういうことになる可能性があるので，やはり渡邉さんのような，それを突破するような力で伸びていっていただきたい。先ほどのサーキュラーフードも，今SDGs というのがはやっているから，SDFoods にしたらどうかと思うくらいなのですが，そういう力をお持ちなので，ぜひ今後ともいろいろな困難を突破しながら発展を続けていただきたいと思います。

⑤食肉3.0　代替タンパク質としての培養肉の可能性と課題について

竹　内　昌　治*

はじめに

　2022年4月18日に第7回食用タンパク質研究会を開催し，東京大学大学院情報理工学系研究科の竹内昌治教授より「食肉3.0　代替タンパク質としての培養肉の可能性と課題について」と題して発表の後，意見交換を行いました。以下，その概要を紹介します。

竹内　昌治　氏

話題提供

　私は今，培養肉の研究を集中的に研究していまして，その中で現在までどのようなものができているか，また，今後の課題に関して発表させていただきます。

　最近，試食としてしゃぶしゃぶ肉のような培養肉を日本で初めてやっと食べることができました。大学の研究で作ったものを食べるには研究倫理申請が必要で，その申請が昨年11月18日に通ったのです。培養肉の研究は作る研究というより食べる研究なので，食べておいしいかどうかを評価しながら肉づくりをやっていかなくてはいけないのですが，やっとそういった環境が整ってきました。

　私は実は工学部の機械情報工学科の所属で，生物と機械が融合したシステム

＊たけうち　しょうじ　東京大学大学院情報理工学系研究科教授

を作っていくということを研究室の全体のテーマとして掲げています。生物の
ファンクション（機能）をそのまま機械の中に取り込むと，例えばイヌの鼻の
ように高感度なセンシング（センサーによる情報取得）ができたり，においと
か味の評価をすることができたりする。あとは組織を小型のチップの上で再現
性良く作ることができると創薬に応用できたり，そのまま体の中に入れると移
植臓器の役割をして再生医療への展開ができるだろうと思います。

　また，アクチュエータというのはロボットのモーターに当たる部分なのです
が，人間でいうと筋肉で，ロボットが本物の筋肉で動くような仕組みを作って
います。派生技術として，培養肉の研究も最近広がってきている状況です。

ア　食肉3.0とは

　まず今日のタイトルの3.0とはどういう意味かと言うと，3世代目というこ
とです。1.0は何だったのかというと，狩猟時代に狩りに出掛けて肉をその都
度取るという文化で，これはまだジビエとして続いています。2.0は，現状の肉
を食べる最大の文化である畜産の文化です。ただ，畜産は人口増加に伴って拡
大させるのがなかなか難しいと考えられています。そうなったときに，肉を食
べ続けようという方のために，肉を育てる時代から作る時代に変わる食肉3.0
の時代が来るのではないかと考えています。

　では，なぜ食肉3.0が必要なのかというと，以下の四つが大義名分となるので
はないかと考えています。①人口増加に伴うタンパク質不足，②畜産を中心と
した肉の生産に関わる環境負荷の問題，③畜産と感染症の問題など安全性の問
題，④フードロスも含めた動物福祉の問題です。こういったことで3.0が必要
になり，培養肉の研究が必要になってきたと考えています。（**図1**）

　まず食糧難ですが，30年後は今から人口がプラス30億人ぐらいになって，100
億人に近くなると予測されています。そうなったときに，新興国がリッチに
なってくるとどんどん肉を食べるようになって，肉の生産が追い付かなくなっ
てくるだろうということです。

　畜産を単純に増やすだけですと，環境負荷が大きな問題として跳ね返ってき

ます。1 kgの肉を作る
のに約1.5万Lの水が使
われ，穀物は約11〜25kg
ぐらい使われるといわれ
ています。排せつ物は
100kgを超え，温室効果
ガスの全体に占める割合
が14〜18%ぐらいという
のが問題点として挙げら
れています。

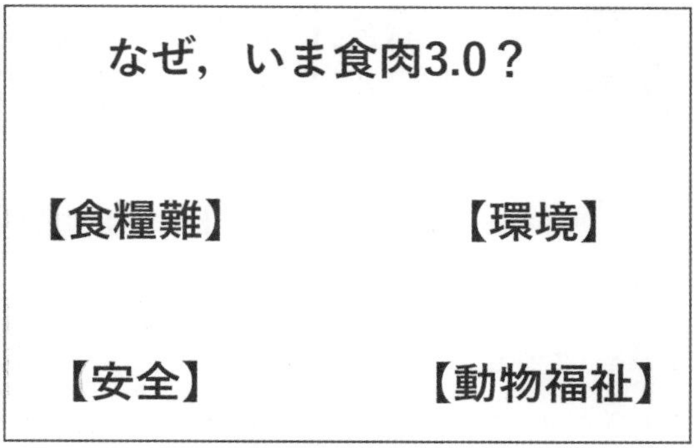

```
なぜ，いま食肉3.0？

【食糧難】          【環境】


【安全】          【動物福祉】
```

図1　培養肉の研究が必要な理由

　安全性の問題を挙げますと，例えば豚インフルエンザとか鳥インフルエンザ。
ちょっとでもインフルエンザにかかってしまうと大量に殺処分しないといけな
い。同じ事業所内であればそこにいる動物は全て殺処分しなければいけないと
いうルールになっています。それほど感染症というのはケアしなくてはいけま
せん。

　動物福祉について，食肉を得るために基本的には大量生産・大量廃棄の枠組
みでつくられているというのが，問題視されてきており，その中で出てくるフー
ドロス，動物の命を無駄にしないという考え方が重要になっています。世界中
で今，いろいろな肉が廃棄されていますが，牛に換算すると，約7,500万頭分が
毎年殺されて食べられずに捨てられているという状況です。

　そんなことから，家畜に頼らない肉を食べる文化というのが始まってきてい
ます。欧米では，そういった食文化に興味を持っている方は，環境問題とか動
物福祉などに非常に意識が高く，いわゆるエシカル消費の範疇（はんちゅう）の中で代替肉
の消費が増えてきています。

　代替肉は，先ほどの四つの問題に対して解決策を見いだせるアプローチの一
つといわれています。畜産に比べて環境負荷が小さいこと，クリーンな環境，
食品工場で作られるので，食中毒とか感染症のリスクを低減できることが期待
されています（図2）。2011年には，植物肉で非常に有名なビヨンドミートとい

代替肉は，畜産物に比べ<u>環境負荷</u>が小さく，<u>食中毒や感染症のリスク</u>を低減できるため注目。

2011　植物肉ベンチャービヨンドミート創立。2019 ナスダック上場。

2013　オランダ，マークポスト「培養肉バーガー」試作

2018　世界経済フォーラムは培養肉を重要技術に選定

2019　8月末に代替肉スタートアップは290社（日経調べ）

2023年度の世界の代替肉市場は約1500億円 (MDB Digital Search)

図2　代替肉のニーズの向上

う米国のベンチャーの会社が創立され，本当に売り上げがうなぎ上りなわけです。

イ　食肉3.0とは

　2013年にはオランダのマーク・ポスト先生が，世界で初めて培養肉バーガーを作りました。シャーレの中の1個の培養肉バーガーが大体3,800万円ぐらいしました。それは人件費も全て込みなのですけれども，非常に高いということで，ほぼ笑い話で終わっていたのですが，ポスト先生には，その後，ベンチャーキャピタルや研究支援機関から資金が集まってきました。彼がつくったモサミートという会社は，来年，ハンバーガーを市場に出すと言われているのですが，その価格が1個当たり13ユーロぐらい，すなわち1,800円ぐらいまでコストダウンされています。1,800円のハンバーガーというとまだ高いイメージはありますが，3,800万円に比べたら圧倒的に安くなってきているので，こういう技術が注目され，資金が集まってきて，技術開発も行われるという状況です。

　2018年には，ダボス会議で重要技術に指定され，2019年には多くのスタートアップ（新興企業）が生まれています。最近では，牛肉・豚肉以外にも，魚介

類がかなり早く市場に出るのではないかという予測も出されています。

　市場の将来予測はいろいろなものがありますが，一番強気に予測しているのがAT カーニーという米国の会社で，20年後には69兆円になっているだろうと試算しています。食肉の市場は，畜産は頭打ちで伸びていかず，増えた人口のほとんどが今と同じぐらい肉を食べるとすると，増加分を補うのは植物肉と培養肉しかないという算段です。その中で植物肉と培養肉が，大体1対1だとするとおよそ60兆円が培養肉の市場になるのでという見積もりです。

　ただ，例えば矢野経済研究所はこれより小さく，3〜4兆円ぐらいになるとしていますし，会社によって予測は違いますが，どの企業も成長率は非常に高く見積もっています。

　2020年12月に世界で初めて培養肉が市場に出たのはシンガポールです。これはチキンの細胞を培養して，それをいろいろな足場の中に混ぜ込んで，あとは種々の味付けをして，揚げてチキンナゲットにしたもので，二つで1,800円ぐらいで売られていますが，結構売れ行きが良いということです。

　重要なのは，こういうレギュレーション（規則）をシンガポールがいち早く認めたということです。シンガポールは食料自給率が低いので，新しい食に対する取り組みにはかなり前向きに対応しており，欧米各社もまずはシンガポールで出していく方針と聞いています。

　その他の国でもたくさんベンチャー（新興企業）が立っています。イスラエルのフューチャーミートは，数百億円を調達して，醤油とかお酒工場にあるような樽をぽんと立てて，1日当たり500kgの培養肉を作っていこうとしています。これは5,000個のハンバーガーに相当しますが，培養肉が50％，植物性のタンパク質が50％のハイブリッドの肉になるだろうといわれています。

　細胞を大量に培養していくにはまだまだ効率化，技術革新が必要な中でペイする（採算が取れる）プロセスをつくるとなると，現状では植物肉でかさ増ししないと売れるものが出てこないので，最初に上市される培養肉製品はこうしたハイブリッド肉になるのではないかと思っています。

　こうした代替肉の進化をレベル分けしますと，レベル1，2，3と分けられ，

1，2に関しては既にビジネスになっています（**図3**）。3はまだ研究中です。レベル1は，いわゆる昔ながらの精進料理とかに出てくる肉もどきですね。われわれにとっては豆腐ステーキとか大豆ミートとか，非常になじみの深い食文化が既にあるわけですが，レベル2というのは，この肉もどきよりも圧倒的に肉感を加えたものだと私は考えています。

　日本でも植物性バーガーは販売されていますが，米国の方が肉っぽいのです。例えば Impossible Burger（インポッシブル・バーガー）という米国のファストフード店，マクドナルドもバーガーキングもどこに行っても大抵置いてあるものがあります。いわゆる100円バーガーとほとんど変わらない味なのですが，彼らはどうしているかというと，いわゆる肉本来の風味である鉄分は，植物肉からではなかなか作り込むことができないので，遺伝子組み換えしたイースト菌に大豆ヘムタンパク質を作らせて鉄分を大量に作り，肉の中に入れて風味を出しています。

　日本に Impossible Burger が入ってこないのは，やはり遺伝子組み換えをしていることに抵抗感を持つような文化が障壁になっているのかなと思っています。

　先ほどのマーク・ポスト先生は，2013年に3,800万円クラスのハンバーガーを世界で初めて作って食べたのですが，味は全然肉っぽくないのですが，食感というかテクスチャーは肉の硬さが出ているということで，今後は脂肪を入れな

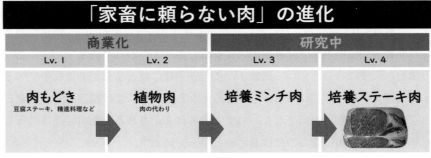

図3　「家畜に頼らない肉」の進化

ければいけない，また，コストダウンが課題とされました。

　動物の命を奪わない方法でやっていくことも必要ですが，やはり細胞は牛から頂かなければいけないので，牛のお尻に注射して５ｇだけ肉を採ってくるのです。日本ではこういうことができる環境が見つからないので，僕らは食肉製造業者さんから肉の断片を頂いています。

　その５ｇの中に筋肉があるわけなのですが，筋肉を培養液に漬けておけば増えていくわけではなくて，筋肉中の増殖性のある筋線維，その周りにある筋衛星細胞，筋肉の基となる幹細胞だけを採ってきて，それを大量に培養してミンチに加工していくというのがスタンダード（標準）なプロセスです。

　ここで，アカデミア（学会）では培養肉研究はどのように進んでいるかということですが，2013年にマーク・ポスト先生がバーガーを食べられてから，私は14年に日本でシンポジウムを行いました。基調講演をしていただいたポスト先生に培養肉の国際会議を作ろうという話をしたら，15年に彼が First International Conference on Cultured Meat（第１回培養肉に関する国際会議）という会議をオーガナイズ（計画）してくださいました。ここには，その後活躍する培養肉のいろいろなステークホルダー（利害関係者）が集まっていました。

　現在では，第８回を迎えて，800人クラスの会議が毎年オーガナイズされるというような状況です。オンラインなので入りやすいということもあります。

ウ　今後の培養肉の研究開発

　レベル１，２，３の次のレベルとして，大学などアカデミアの研究者はミンチ肉のその先を考えなくてはいけないと思います。ミンチの先はステーキというのが自然の流れとしてあるわけです。ステーキからミンチはできるけれども，ミンチからステーキはできない。一方でステーキ肉というのは，体の中で構成されている筋肉そのものを作っていこうという非常に大きな目標を立てないと完成しないでしょう。すなわち，われわれの筋肉というのは筋線維で出来上がっているのですが，この筋線維がきれいに一方向に配向され，脂肪もあり，

血管もあり，神経もあり，リンパ管もあり，いろいろな組織が出来上がったものが塊肉として出てきているわけで，本物を作ろうと思うと最先端の再生医療でもまだできていない状況なのですが，これはアカデミアとして取り組む意義があるだろうということで，ステーキ肉を作ろうとしています。

　現状，培養肉というと，培養ミンチ肉と培養ステーキ肉の二つに分かれ（**図4**），さらにミンチ肉が二つ，ステーキ肉が二つに分かれるのではないかと考えています。現状の培養肉は四つのタイプがあるだろうと私は考えています。ミンチ肉がミンチ肉もどきと本格ミンチ肉，ステーキもステーキ肉もどきと本格ステーキ肉に分けて考えていくというアプローチです。ビジネスとしては，ミンチ肉もどきとかステーキ肉もどきの方が圧倒的に早く，大きさも味もそれなりのものを作ることができるので，即消費につながるようなアプローチとしては，このタイプの研究開発がよく行われています。これに加えて筋細胞と植物の細胞を混ぜ込んだハイブリッド肉が世の中に出てきているという状況です。

　ただ，もどきの肉に慣れてくると，やはり本格的な肉を食べたくなるだろうというので，マーク・ポスト先生がやっている本格ミンチ肉やわれわれの本格的なステーキ肉を作るアプローチが必要です。

　筋肉の細胞というのは髪の毛の直径の10分の１ぐらいなのですが，この10分

培養ミンチ肉　VS　培養ステーキ肉
■ミンチ肉からはステーキ肉はできない■

ミンチ肉　　ステーキ肉

・細胞の塊　・筋組織ができていない　　　・筋、サルコメア構造　・肥育できる

Fake　　　　　　　　　　**Real**

・肉といえない。　　　　　　　・リアルな食感と栄養分　・満足度が高い。

図４　培養ミンチ肉と培養ステーキ肉の特徴

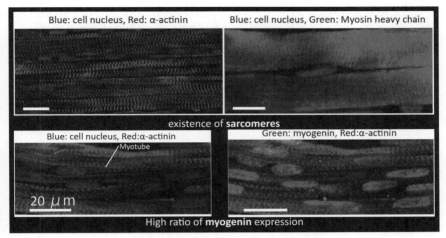

Blue: cell nucleus, Red: α-actinin Blue: cell nucleus, Green: Myosin heavy chain

existence of **sarcomeres**

Blue: cell nucleus, Red:α-actinin Green: myogenin, Red:α-actinin

Myotube

20 μm

High ratio of **myogenin** expression

図5　サルコメア構造とタンパク発現

の1ぐらいの細胞が寄り添って培養されていくと，この細胞の膜が割れて1本の繊維になっていきます。細胞融合が始まってどんどん長細くなっていく。そうすると，この長細くなってきた所にあるタンパク質が自己組織的にきれいなしま模様を描くのです。この模様のことをサルコメア構造と呼んでいます（**図5**）。このサルコメア構造を持った筋線維がバンドル（束）となって筋線維束ができて，本当にナノ（10億分の1）の世界からマクロな（大きい）世界まできれいに分子が配向されたシステムとして筋肉になってくるのです。

　これを作り出すのはなかなか難しいですが，われわれはその一端を再構成することができるようになってきたと考えています。2019年に世界で初めて筋線維が整ったという意味で，ステーキ肉という意味で培養ステーキ肉というのを世界で初めて出しました。

　どのように作っているかというと，まず，食用のコラーゲンの中に，細胞をどばどばと入れ，その後，クッキーカッターのように金型でプレスし，シートを作ります。

　このシートに細胞を培養していきますが，コラーゲンの中では細胞が自由に

動くことができるので，お互いがコンタクト（接触）して，そこで細胞融合が起きて，細胞が長くなって筋線維ができます。

その筋線維の方向を整えるというのが塊肉を作る一つの課題だったのですが，スリット（隙間）を設けることによってそこを解決しました。スリットがあるので，細胞はこのスリットより外には行けず，水平方向にしか移動できないのです。このため，お互い寄り添って水平方向に動きますので，出来上がった筋線維もおのずと水平方向に並びます。こういうスリット構造を持つシートを何枚も，スリットの位置をちょっとずつ変えながらやると，きれいに空間を埋めながら配向，積層することができます。１cm角ぐらいの鋳型を作り，そこでシートを作った後に，手で重ねていくと，このような肉が１週間もすれば出来上がってきます（図6）。

実はアンカーによってシートのエッジを止めておくと，筋線維ができると縮まろうとするのですが，アンカーがあるが故にテンション（張り）がかかった状態が続く。縮まりながらも自身はその長さを変化させることができないので，テンションがかかった状態で培養することができます。このテンションをかけた状態で培養することが筋肉にとっては大変重要で，そうでないとすぐに死んでしまいます。

そこでアンカーから取ってみると，１cm角の塊ができるわけです。培養している細胞はまだ無色透明で，積層しているので白く見えています。ここに食

図6　培養肉の立体組織
（右は調理後の食べられる培養肉）

紅を垂らして赤みを出しているというのが現状です。

　筋肉というのは速筋と遅筋というのがあり，速筋は白いのです。遅筋はミオ
グロビンが出てくるとだんだんに赤くなるということで，われわれは，ぜひ筋
肉の成熟化に取り組んでいきたいと思っています。

　筋肉の一番大きなファンクションというのは，電気刺激をしたときに収縮す
ることです。これを調べている研究機関というのは少なく，培養肉の組織に電
気刺激をかけて動きを見せているのはわれわれのグループだけです。実はこの
ファンクションは，筋肉だと証明する以外にも，培養の点で非常に重要だと思っ
ています。それは，電気刺激をすることによって筋肉の成熟度がどんどん上が
るということが最近分かってきたからです。例えば筋肉の配向度やサルコメア
になる確率が上がったり，筋収縮するファンクションを持つ筋線維の数が上
がったりしているということが分かってきたので，こういう筋トレは培養肉に
は欠かせないだろうと思っています。

　こうやって作った筋肉の断面をしっかりと観察しているのも，これだけきれ
いな筋線維が配向されてサルコメア構造ができる3次元の筋組織を作っている
のも，われわれのグループぐらいです（**図7**）。今，結構いい加減に固めて培養
肉だとしているのが多いですが，日本では食に対するクライテリア（評価基準）

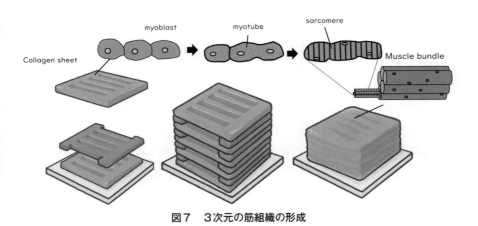

図7　3次元の筋組織の形成

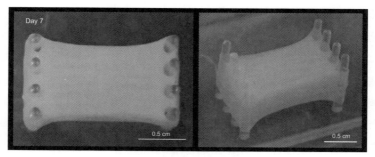

図8　ウシの筋細胞の培養肉

が非常に高いので，自分たちが何を食べているのかというのを分かった状態で
ないと食べたくないという方が多いのではないか。そういう日本人のスタン
ダードに合わせるためには，こういう解析も必要だろうと思っています。

　ウシの筋細胞でも1週間もすればこういう肉を作り出すことができるように
なってきました（**図8**）。そこでアンカーから外して食紅を垂らすと，こういっ
た肉の形状が出来上がってくるという状況です。

　かみ応えについては，食べる前にある装置を使って破断にかかる応力という
のを測ったわけです。培養4日目だとほぼ力なくかみ砕かれてしまいます。と
ころが2週間培養しますと，ぐっとかみ応えが上がります。まだ市販の肉に比
べたら弱いのですが，培養することによって上げられることが分かってきまし
た。

　現状，1cm角ぐらいの本当に1gの肉を作るのがやっとだったのですが，
2025年までのJST（科学技術振興機構）の未来社会創造事業で，まずは7×7
×2cmで100g台の筋線維が整い，脂肪組織が中に入っている肉を作ってい
きたいと考えています。

　次に脂肪ですが，今どこまでできているかというと，脂肪組織を肉の中に入
れると，これもほぼ世界で初めてなのですが，筋肉が収縮するファンクション
を維持したまま脂肪組織を持つものができます。これだけでは霜降りではない
のですが，さしの入った筋肉ができている状況です。

JST の未来社会創造事業の実施には，各分野の先生方にお手伝いをいただいています。再生医療が専門の東京女子医大の清水達也先生，筑波大の石川先生，工学からは早稲田の坂口先生，化学では大阪大学の松崎先生に入っていただいています。あと産業界からは日清食品が入ってくださって，この分野の産業化を目指していただいています。

サイエンスだけで培養ステーキ肉を作って，さあいいものができた，食べてくださいといっても，やはり食べるのは消費者の方で，社会受容性が非常に重要ということで，新しい科学技術がどのように社会に受け入れられるかという研究をされている弘前大学の日比野愛子先生にも入っていただき，培養肉に関する社会受容性を意識しながら研究を行っています。

エ　培養肉を社会に浸透させるための課題

培養肉を社会に浸透させるための課題ですが，私は次の三つだと思っているのです。一つは技術的な課題で「早い，安い，うまい」の三つがそろった肉をどうやって作っていくかです。

二つめは文化的な課題で，社会受容性をいかに得られた新しい食文化を醸成していくかです。これはすごく大きな課題だと思っています。

最後は規制の問題で，培養肉を食品会社の責任で売るということは，実は今の規制の枠組みでもできるのですが，食品安全委員会が疑義を感じたらそれをストップすることができるという体制の中で，実際的なルール作りが円滑に進むように，農水省，厚労省にはこういった新しい肉づくりに関して非常に前向きに耳を傾けていただいています。農水省ではフードテック官民協議会を作って，培養肉のルール形成を行っています。シンガポールはもう既にルールが出来上がってビジネスが起こりそうなのですが，日本でもできるだけ早く市場に出していこうという動きがあります。

最後になりますが，こういう培養肉の技術というのは，ステーキ肉を作っていこうという段階ですが，今後は，例えば食べるだけで健康になる高タンパク低脂肪の培養肉を作るとか，牛肉以外にもブタ，トリ，ヒツジ，マグロ，エビ，

ウナギ，クジラなどで展開していこうという技術にどんどん発展していくのではないか。その先にはオーダーメードの肉，あるいは肉を超えた肉，例えば肉に本当に必要なのは何なのかというのが分かってくると，無駄なものを全て取り除いた肉もできてくるかもしれない。今の肉からさらに進化したようなものも出てくるのではないかと考えています。

　今回の培養肉研究に関しては，日清食品から当研究室にいらした古橋麻衣さんがいろいろな業績を上げられていますので，彼女に感謝したいと思います。

質疑応答・討論

座長　ありがとうございました。本当に用意周到に進めておられるということがよく分かりました。単に工学的なアプローチだけではなくて，医学，農学といったような他の自然科学，あるいは人文社会科学，医学的なものも含めて大変広いお話を頂きました。

春見　培養肉が本当に先端技術の基礎の上に構築されているということに感銘を受けたのですが，今後コストを下げて広く行き渡らせるようにするためには，相当な量を供給できるような体制が必要になってくるのだろうと思うのです。その場合に，一つは大量培養，もう一つは増殖速度を速めることができるのかどうか。増殖と大量培養技術がどのくらいまで今の精緻な先端技術の中に展開していけるのでしょうか。

竹内　大量培養についてはいろいろな考え方がありますが，ほとんどのチームは，遺伝子組み換えはしないというアプローチでいこうとしています。遺伝子組み換えをよしとすると，非常に厳しい環境でも生き延び，増殖スピードも非常に速くすることができるのですが，消費者の受容性を考えると，今はコンベンショナル（伝統的）なアプローチで大量培養しようとしています。

　通常の医薬品を使いますと，ダブリングタイム（１回の分裂に要する時間）も生化学で取っている方法と同じように増やせるのですが，医薬品を細胞培養に使うということはなかなかできなくて，全て食品グレードで行わないといけません。

培養液というのは大体，基礎培地と血清成分の二つに分かれます。基礎培地について今，砂糖，アミノ酸，ビタミンなどを入れた飲める培養液というのが世の中に出ようとしていますので，結構安くできそうです。

　一方，血清成分は，ブタ，ウシ，ウマの胎児血清は，L当たり高いものだと10万円してしまう。これはなかなか使えないので，まずは食べられる血清，しかも安い血清はないだろうかということを考えました。最近，成牛の血液から採った血清でも筋肉は培養できて，なおかつ組織に分化することが分かってきたので，成牛の血清を使うということにトライしています。これによって，全て食べられる材料で，食品グレードで作ることができるのと，あと，成牛の血というのはL当たり数千円で売られているので，だいぶコストも下げられるだろうと思います。

　ただ，今，全世界の研究はやはりアニマルフリーに動いていて，培養液であっても全て非動物性のものでやっていこうとされています。その中で，植物性の成分で血清を代替することができないか，あるいは培養細胞の上清をうまく利用して血清成分を作れないかという流れもあって，ここは今，研究が非常に盛んなところです。

　そのようなアプローチを経て，コストダウンが進み，現状でいくとハンバーガー1個が1,800円ぐらいで売られるようになりそうだという状況に世界はなっていますが，まだまだ培養液や培養に関わるもろもろのコストダウンというのが研究要素として残っているのは事実と思います。

春見　私は醤油関係の仕事に就いていまして，醤油の会社というのは全国で1,100社ぐらいあり，大手は5社なのですが，中小の所が毎年30〜40社ぐらいずつ廃業していっています。そういう所を何とか再生できないかと考えています。醤油のような従来型の発酵技術は長いこと熟成が必要ということもあって，こういう先端の技術にすっと入っていくことは難しいのかなと思ったりもしますが，何らかの形で先生のおっしゃるような培養肉技術に転換していくようなことは，可能性としてはありませんでしょうか。

竹内　確かに，醤油工場やビール工場にある樽を培養用に変えていくという

ことは，技術的にはできると思います。

　もちろん衛生管理はしっかりしなければいけない部分と，太陽の光を浴びさせておくだけでいろいろな光合成をする藻類を使って培養液の成分を作っていくというアプローチもあります。そういう技術と組み合わせることによって，実は今まで使用していたインフラを培養肉用に転換していくということができるような時代は来るのではないかと思います。

座長　醤油や味噌だけではなく，つい最近まで日本には日本酒を醸造している会社が5,000以上あったのですが，現在は3分の1になっています。醤油や味噌を造るのと違いますが，よく似た環境を持っています。そのうちの幾つかは博物館的に使っているくらいで，それが培養肉を生産する形で復活できたら，大変なことです。

竹内　ぜひ勉強させていただきたいなと思います。ぜひそういう視点でコミュニケーションを取っていきたいなと思います。ありがとうございます。

石川　サルコメアのきれいな構造を見ることができてすごく感動しています。実際に食べられて，うま味みたいなものを感じられたというところが非常に興味深く，恐らく嗜好性，おいしさというところが普及の大きな鍵かなと思っています。実際に従来の肉ですと，筋肉から食肉になる過程の熟成という過程があって，細胞内消化とか微生物の影響みたいなものがおいしさに寄与していると思うのですが，培養肉の場合，いろいろとうま味成分を追加すればおのずとできるとは思うのですが，消費者はそういう添加物みたいなものを気にするので，自然に分解してうま味が出るみたいなアプローチが今後必要になってくると思います。

竹内　僕らが作ったのは，普通に筋管形成が行われたものを，そんなに寝かせずに食べているので，遊離アミノ酸は多分そんなになかったのではないかと思っています。

　あとは，例えば細胞をたくさん培養して遠心機に掛けますが，そのペレット，集まった細胞の束を食べても，何の味もしないと思うのです。なので，細胞そのものとか組織そのものだけでは駄目で，何かそこから出てくる熟成された成

分が肉の味になっていくのではないかと食べたときにちょっと思いました。

　僕らの肉はまだ鉄分が全然入っていないのです。ですから，肉独特の食べた後の鉄分の感覚というのは一切なく，目をつぶって食べたら多分肉ではなくて，もうちょっと違う食べ物に感じてしまうのが現状で，肉の味というのは何をどうしたら出てきて，どうしたら強くなったり弱くなったりするのかというのは，まだ全然分かっていないことです。僕らはまず細胞の数を増やしたらどうなのかとか，あるいは培養の日数を増やしたらどうかとか，電気刺激の割合をどうしたらいいかとか，そういうことをいじってみようと思うのですが，先生の視点から，ここの部分をこうしたらみたいなご指摘を頂けたら大変ありがたいなと思っています。これから味づくりというのが始まるのかなと思います。

石川　従来の熟成の技とか発酵の技術のような新旧の技を組み合わせると，よりおいしい肉ができるのではないかなという気がします。

竹内　おっしゃる通りで，ぜひ取り入れていきたいなと思います。

石川　私もレベル４の培養ステーキ肉のその先，これまでにない新しい肉ができてくるのではないかというところにすごく関心があって，まずは従来の肉に寄せていくところが第一歩だと思うのですが，その先，何かこれまでにない新しい肉ができたときに，どのように受容されるのかとか，どういうものができるのかとか，すごくわくわくするのですが，具体的にこういうものができたらいいなみたいなイメージはありますか。

竹内　まだ本当に想像の範囲でしかお答えできないのですが，例えば僕らの中にいろいろなクエスチョンがあって，肉は本当に血管，神経，リンパ管が必要なのか，それを全部取ってしまったら肉の味がしないのか，あるいはもっとずっとうまくなるのかなど分からない部分があります。既存の肉でそれをやろうとする人はいないですよね。あともう一つは，例えばホルスタインから和牛を作ることができるのか，ほほ肉からカルビができるのかとか，いろいろなクエスチョンがありますが，まだ食べてみないと分からない，作ってみないと分からないというところです。

　知見がそろってくると，いろいろな素材，形状のもので，実は肉よりもうま

い肉というのができるのではないか。それが新しい食べ物として受け入れられてくるということは遠い未来にあるのではないかと思っています。

古在　先生のお話だと，成長していく培養肉にとっての餌に相当するものをなるべく植物性のものにしたいということでしたが，そのとき，成長する培養肉が分化していくというところでは，ホルモンなど成長調節物質が関係してくるかと思うのですが，それは外から与える必要はないのですか。

竹内　いわゆる成長ホルモンというのは分化にとって重要で，それが恐らく血清の中にはたくさん入っているはずなのです。増殖のときには成長ホルモンは非常に重要で，それを血清なしでやろうとするにはどうしたらいいかというのを今，全世界がいろいろなアプローチで考えていて，例えば藻類，大豆系のものから作ろうとか，いろいろな考え方があります。

　米国だと遺伝子組み換えの受容性が上がってきていますので，いろいろな植物の遺伝子操作をしてホルモン系のものを作っていこうという合成生物学のアプローチが取られています。日本ですと，まだそこまでは行っていないので，まず成牛血清を使っていくというのと，ほ乳類の細胞レベルでたくさん増やして，その細胞レベルでたくさん増やしたものを共培養していくと，お互いが刺激し合って，あるとき細胞レベルで成長ホルモンを出すようになるので，その上清を集めて培養液にしようというアプローチがあります。今，世界中でいろいろなアプローチで成長因子に代わるものを作っていく研究がされています。

古在　培養肉だと畜産に比べて水の必要量が100分の1ぐらいだというようなお話でしたが，餌としての植物性の細胞から培養肉になるエネルギーの変換効率というのは，およそどのぐらいのものなのですか。

竹内　エネルギー効率でいっても，水と光を与えて植物を作った後に加工して餌を作るよりは，培養液で作った方が効率的という試算は出ているかと思います。

佐本　電気やスリットで方向性を出されているという部分がすごく新鮮なことと受け止めました。培養肉については，今，世界でどれぐらいの生産規模が可能となっているのでしょうか。あと保存について，生産したら無菌の状態で

ずっと保存ができるのでしょうか。出荷のタイミングとか，そういうことも議論されているのかということが気になりました。あと，やはり培地は精製したものでないといけないのでしょうか。

竹内　まず生産性ですが，僕らはまだ研究段階なので非常に小規模で，それを100ｇにスケールアップしていこうというのはあるのですが，100ｇの肉が１枚できましたでは全然インパクトがなくて，それを何万人が食べられるのですかという話になってきます。

　今，いろいろなVC（ベンチャーキャピタル）が投資してベンチャーにいろいろなお金が行っているのですが，彼らは大体１日当たり500kgぐらいの培養肉を生産するプラントを作っています。マーク・ポストさんは大きなプラントを作ってその地域の４万人が培養肉を食べるようになると１kg当たり600円ぐらいで売れるという試算を出されています。VCは何百億と投資し，投資額のほとんどは，バイオリアクター（生体触媒を用いて生化学反応を行う装置）という器の建設とそれによる実験に使われている状況だと思います。実際どこまで成功しているかについてはオープンになっていないので分からないのですが，そういう目標に向かって研究がされています。

　無菌性に関しては，出来上がったものは無菌なので真空パックにして常温保存がある程度できるのではないかといわれています。ただ，長期間保存しようと思うと冷凍保存が必要といわれています。

　培養液は精製しないといけないのかというと，恐らく最初はきれいな無菌環境下で作らなければいけないので，精製のプロセスは必要になってくると思います。東京女子医大の清水先生は，藻類からグルコース（ブドウ糖）とかミネラルを作り出して基礎培地を作っていこうとされています。つまり太陽のエネルギーと池があって，藻類が石垣島の大きなタンクで動いていれば，その中で培養液ができるという仕組みです。そこから出てきた培養液はバクテリアだらけなので，どこかで除菌操作をしないといけないと思います。どこまで完全な精製とか無菌状態にしなければいけないかというのはまだ分かりませんが，ある程度コストを掛けてきれいにしなければいけないのではないかと思います。

佐本 大きなタンクで培養する場合というのは，鋳型というか，足台がある状態なのか，それとも培養液で例えばくるくる回しながら細胞が浮遊している状態なのでしょうか。

竹内 大量培養のフェーズ（段階）と組織形成のフェーズ，二つあります。大量培養は，もうシングルセル（単一細胞）のレベルで1個が2個，2個が4個にとにかく増えていってもらいたい。その場合は浮遊培養系を考えています。ただ，筋肉の細胞というのは接着細胞といわれていて，この接着細胞に当たる基材みたいなものを入れておくと，それにぺたぺたくっついていきます。何も細胞が付いていない基材を入れると，そこに侵食して数が倍増，4倍，8倍になっていくというリアクター（化学反応を起こさせる装置）を考えています。

　一方，組織形成の方は，いったん筋線維が出来上がったら，それを成熟化させていかなければいけないので，植物工場に近い肉の中で養分が血管の中を流れながら横に浸透していく形の培養が行われています。立体的に肉を配置することによっていろいろな養分が並列して肉に供給されるという仕組みを考えています。浮遊培養ではない系になります。

佐本 それは2段階でやることも考えられるのでしょうか。

竹内 はい。実際にビジネスとしても，細胞を作る会社と組織を作る会社は別になる可能性もあります。大量に細胞を培養して，それをいろいろな会社に売る。そうすると，ある会社はミンチを作り，ある会社はステーキを作るというようなことになって，細胞供給会社というのがあってもおかしくないと思います。

大谷 このプロジェクトで，企業の方もアカデミアの方もいらっしゃり，社会受容性のことも非常に重要視されて，素晴らしいなと感動いたしました。

　最後の課題の規制のところで，実際に今，食品企業が作る分にはあまり問題ないのだけれども，今後何か問題があったときに規制がかかる，特に日本の場合，私が思うに，多分，食品安全委員会が「自ら評価」で何か問題点を見つけ出すということになるのですが，そのときの一番のポイントは，やはり動物細胞を培養したものの食経験がないというところなのでしょうか。どんなところ

が問題になりそうでしょうか。

竹内　たとえば，作っている環境がどれだけ衛生的なのかということと，作るステップで何カ所チェックポイントを設けるかみたいなところが議論になっています。チェックポイントが多ければ多いほど，多分管理はしっかりできるのですが，作る側にすると全てコストに跳ね返ってくるので，最終産物に規制を掛けてもらう方がいいのではないかとか，細かく規制を細かく掛けることによってコストダウンも研究開発も遅れてしまうということにならないようにということは，ルール形成のチームが今お話しされているという状況です。

大谷　ぜひそのあたりは主張された方がいいと思います。今の全体の流れはHACCP（危害要因分析重要管理点）といって，それぞれの工程で管理するというのが全体の流れになっていますから，ちょっとそれとは違うという論議というか，論点として。

竹内　HACCPの中で動かしましょうというふうには言われています。

大谷　個別の培養のところはあまり細かくしてもらっては困るということですね。

竹内　そういうことです。

腰岡　筋芽細胞が横につながっていって筋管ができるところは非常に興味があったのですが，それは横につながっていって細い筋管ができるのですよね。その場合，縦につながるということもあるのでしょうか。それによって筋管の太さが，いろいろなタイプができて，食感が変わってくるとか。

竹内　僕もそれを見たいのですが，今のところ横方向に伸びていくという例しかなくて，お互いが縦方向に連なっているのは見ていないのです。融合してしまうと，どのように融合したのかというのは実は分からないのです。融合した後に染色すると結構太いのもあるのです。その太いのは細いものが成長して太くなったのか，それとも1本，2本が縦に融合して太くなったのかというのは，なかなか見ることはできていません。

　今の僕らの筋線維というのは結構細いのですが，うまく太くすることができれば食感も変わるし，中のタンパク質含有量も変わるわけです。なおかつ最初

に使う細胞の数も少なく済んだりするので，結構，筋管をいかに太くしていく
か。だから僕は筋トレが非常に重要なのではないかなと思っています。そのあ
たりの培養方法の改善というのは，これからもまだまだ研究の要素としてある
と思います。

腰岡　動物種によって筋芽細胞とか筋管の作り方が変わってくるのかとい
うところは，どうなのでしょうか。

竹内　あると思います。例えばウシとかトリは結構今研究されていて，筋管
形成がよく見られているのですが，ブタは結構難しいといわれています。

　あと魚はたくさん研究されているのですが，僕はまだ魚，エビで筋管がしっ
かりできたという報告を生体外では見たことがないのです。なので，肉はでき
ていたとしても単なる細胞の塊なのではないかなと思っています。魚は，そも
そも体外で細胞を培養する必要がなく今まで生物学的には研究できていたので
す。魚の細胞生物学，エビの細胞生物学とか，そのあたりがこれからどんどん
伸びてきて筋管形成ができるようになると，本当の意味で魚介類の培養肉がで
きるのではないかなと思っています。

座長　ありがとうございました。皆さん，本当に今日は竹内先生から素晴ら
しいプレゼンテーションを頂いて，有益な論議ができたと思います。これから
培養系一つとっても解決しなければいけない問題もあるかと思いますが，どう
か今後もますますのご発展をお祈りします。

⑥おいしい食感のデザイン法
―ターゲットとした「動物性食品らしいおいしい食感」をどのように
プラントベースフード（plant-based food）で実現するか？―

中 村 　 卓*

はじめに

　2022年 5 月17日に第 8 回食用タンパク質研究会を開催し，明治大学農学部農芸化学科の中村卓教授より「おいしい食感のデザイン法―ターゲットとした『動物性食品らしいおいしい食感』をどのようにプラントベースフード（plant-based food）で実現するか？―」と題して発表の後，意見交換を行いました。

　以下，その概要を紹介します。

中 村 　 卓 氏

話題提供

　今日は，食品構造工学の話からプラントベースフード（植物性原料素材食品）のおいしい食感のデザイン法という考え方のベース，それからおいしさというのはどういうふうに分類するのか，それから食感の分類，そして実際の「口どけ」やクリーミーさ（柔らかで滑らかなさま）の話でプロセスチーズやアナログチーズ（ダイズなどを原料としたチーズの代替品），ヨーグルトの話などをしたいと思います。

　まず，おいしさを食品構造から追究し，「見える化」する食品構造工学の話で

＊なかむら　たかし　明治大学農学部農芸化学科教授

す。

　食品は，タンパク，多糖類，油脂といった複数成分が加工によって不均質な構造を形成します。それが口の中でそしゃくによって破壊されることで食感が変化したり風味が放出したりして，おいしさというものを表現しているのではないかということから，構造観察，力学特性測定，官能評価，成分定量といった技術で視覚化・数値化してメカニズムを明らかにできれば，効率的なものづくりやおいしさの実現に寄与できるのではないか，そしゃくによる食品構造の破壊に伴う風味・食感の変化の中にある，風味と食感のハーモニーということが考えられるのではないかと思っています（**図1**）。

ア　プラントベースフードのおいしい食感のデザイン法（2次元マップ）

　今日お題を頂いたプラントベースフードのおいしい食感のデザイン法についても，考え方としてはターゲットとしている動物性食品，例えばヨーグルトとかチーズ，それから肉なら肉といったものの「おいしい感性，食感」として，どういう言葉が出てくるのか。2次元マップという簡単な考え方で，時間軸と口腔内の部位の関係で食品の硬さ，粘り，付着，食塊が形成され，飲み込まれるという流れの中でどういった要素が変化しているかを明らかにしていく。そのマップができれば，例えばターゲットとしている乳製品のヨーグルトと豆乳

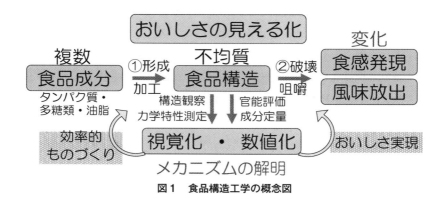

図1　食品構造工学の概念図

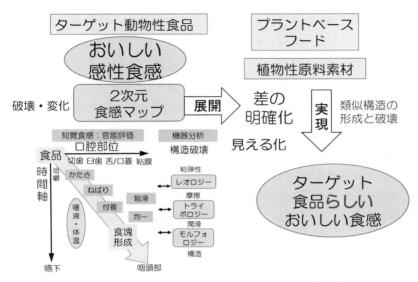

図2 プラントベースフードのおいしい食感のデザイン法

のヨーグルトのどこがどう違うのかというところが明らかにできて，その類似
構造の形成と破壊された構造の類似性というところからプラントベースフード
をターゲット食品，例えば乳製品のヨーグルトらしいおいしい食感というもの
に近づけていくことができるのではないかと考えています（**図2**）。

イ　おいしさの分類・食感の分類

　食品に求められる属性としては，安全・健康・おいしさ，それから当然，価
格というものがあります。その中でおいしさについて追究していくわけです
が，農芸化学の分野からは機能性食品が出てきました。それは単にお茶を飲ん
だら体にいいという話ではなくて，分子生物学が発展してきて，体の中で具体
的にどういうメカニズムでポリフェノールが血糖値を下げるのかということが
明らかになってきて，エビデンス（根拠）付きのサイエンスとして健康食品か
ら機能性食品に変わってきました。

　では，おいしさはどうかというと，脳科学や認知心理学が21世紀になってか

なり進展してきて，もう少したてばおいしさについてもメカニズム的なことが明らかになり，再現性のあるサイエンスとして，エビデンス付きで話ができるようになっていくのではないかと期待しています。

　おいしさとは何か，嗜好性という立場から認知心理学で考えると，２種類あるといわれています。親近性と新奇性という言葉で表されるものです。親近性というのは，なじみのあるほっとするもの，単純接触効果から出てくるようなもの，いわゆるおふくろの味といわれるものです。それに対して新奇性というのは，変化に興味を持つ，わくわくする楽しさという部分がついてきます。嗜好性の部分について認知心理学でいわれているのは，この親近性と新奇性の間に覚醒ポテンシャルと呼ばれる最大値をとる領域があるということです。なじみのあるものはおいしいのだが，それだけでは飽きてくるから少し新奇性のあるものをと。しかし，全く新奇性のものは食べないということが考えられます。

　おいしいと感じる要因としては，人間サイドでは生理（空腹）・心理（楽）・社会（文化）というもの，食品サイドでは風味（味・香り）・食感が考えられます。

　おいしさというのはそしゃくによる食品構造の破壊に伴う変化の中にあると考えると分かりやすくなってくると思っています。おいしさというのは親近性と新奇性の間にあるのだということです。

　次に，食感について，日本語の食感というのは２種類あるのではないかと考えています。

　一つは知覚レベル（物理的），つまり物性（物理単位）と相関のあるもので，生得的，生まれながらに持っている感覚です。大体の人は硬い・軟らかいといった感覚的なもの，生まれながらに持っていると思われる部分です（図３）。

　もう一つは認知レベル（感性的），経験によって獲得形成される習得的なもので，例えば「もちもち」とか「とろーり」といった食感というのは習得的で，経験によって形成されるのではないか。だから，単においしさは人それぞれではなくて，もちもちとしたおいしさというものはどういう要素からなっていて，それをどういうふうに構造的に作っていけばできるのかというような形で具体

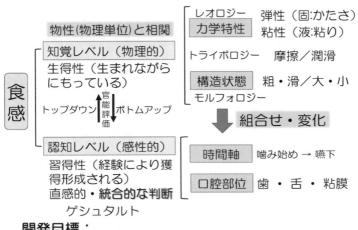

図3　食感の分類

化できるのではと考えています。

　物理的な方はいわゆるレオロジーと呼ばれる弾性（固さ）・粘性（粘り）といっ
た力学特性，それからモルフォロジーと呼ばれる粗・滑／大・小といった構造
状態，それからトライボロジーと呼ばれる口腔内での舌や粘膜などの間の摩擦
／潤滑というものが重要になってくると考えています。

　実際に官能評価で人の表現や言葉を分析しますと，大体力学的な言葉が横軸
とか，構造的な言葉が2次元といった形で，明らかに人間というのはこの二つ
の要素を別に分けて認識して知覚しているのではないかということが明らかに
なっています。

　これらが口の中で組み合わさって変化していくときには，特に時間軸と口腔
部位というものが非常に重要になってきます。それが統合的・直感的判断で「も
ちもち」というようなものも表現しているのではないか。おいしさを表現する
のに「もちもち」という言葉をとりあえず使っているという部分もあるかと思
います。

例えばテレビのレポーターなどが，口の中に入れてひとかみして「ああ，もちもちしていておいしい」とかと言っていますが，言語学的に見ると，「もちもち」と繰り返しているわけですから，ひとかみでは「もちもち」という言葉は使わないわけです。

- 日本語445語と多い　内7割が擬音語・擬態語
  - フランス語226語　中国語144語　ドイツ語105語　英語77語　ﾌｨﾝﾗﾝﾄﾞ語71語
- 粘り気の表現　70語
  - 「ねばねば」「ねっとり」「にちゃにちゃ」
- 弾力の表現　63語
  - 「ぷりぷり」「ぷるぷる」「ぷるん」

図4　食感の日本語の特徴
(早川ら，2003年調査)

　食感を表す日本語は，農研機構の早川先生たちが2003年に調査されたところによると445語あって，英語は77語ですから非常に多いです（図4）。だから微妙な差を認識して言語化しているのではないか，だから食感が重要なのだと，食感の研究者であるわれわれは言います。そして，そのうち7割が擬音語・擬態語のオノマトペといわれるもので，他に粘り気の表現や，「ぷりぷり」「ぷるん」というような弾力の表現があります。

　早川先生はその445語を，統計処理を使って力学的特性の部分，幾何学的特性の部分，その他特性の部分と大きく3分類されています。その中で，重複語が65語あります。例えば「口どけが良い」「クリーミー」というのは，力学的特性としては流れやすさと濃厚感，幾何学的特性としては構造の均一性，その他の特性としては油脂が融けていくような感覚や濃厚感を表しているということです。

　つまり，「クリーミー」という言葉で考えれば，AとBという食品を食べたときにAの方がクリーミーだという人とBの方がクリーミーだという人がいた場合，その要素のどこの部分を重要視しているかによって違うのではないか。重要視している部分が違うから，おいしさとしての「クリーミー」という表現が違っているのではないか。ヨーグルトのクリーミーとクリームチーズのクリーミーでは，同じ「クリーミー」という言葉でも各特性の比重が違ってくるのではないかということです。

おいしさというものを表現する「もちもち」とか「クリーミー」とか「とろーり」といった言葉がどういう要素からなっているのかということを解析していけば，具体的にそれをどうやって作っていくのか，おいしさをデザインしていくことに結び付くのではないか。ですから，おいしさを客観的な言葉，例えば「もちもち」で表現されるおいしさというふうに捉えれば，そのもちもち感を具体的にどういうふうに作っていけばいいのかということが分かってきます。

　皆さんはどういうときに「もちもち」という言葉を使われていますか。基本的には歯でかむ食感ですよね。舌でつぶす食感はまだ「もちもち」とは言いません。また，かみ始めが軟らかくないと「もちもち」とは言いません。かみ始めは軟らかいが，かみ締めたときに力が要る，いわゆる硬いという感覚で，それがふたかみ目以降も持続する，若干付着性がある方がもちもち感が強いというような形で，タピオカでんぷんを使った研究で官能評価と物性測定，構造観察をつなぎ合わせて明らかにしました。

　それから「もっちり感」というのもあります。「もちもち」に近いのですが，これはひとかみ目の表現ですから，軟らかい部分と硬い部分があれば「もっちり感」につながるかと思います。ですから，例えばパスタなどでも断面が円のパスタと断面がラグビーボールのような楕円のパスタであれば，当然，楕円形の方がかみ切りにくさが出てくるわけです。ですから，一般的にリングイネ（断面が楕円形のロングパスタ）の方がもっちり感があるといわれたりするのも，納得できるのではないかと思っています。

ウ　2次元食感マップ

　そしゃくと口腔内の構造（**図5**）について，「もちもち」は歯でかむ場合ですが，歯でつぶすのか前歯でかみ切るのか奥歯ですりつぶすのか。それからプリンやヨーグルトは歯を使わないで舌と口蓋でつぶします。これは機器測定するときに大きく関わってきて，変形試験を行うときに食品よりも小さいプランジャー（圧縮用器具）でつぶすのか，それともプランジャーの方が大きくて全体に押しつぶすような感覚で食品をつぶすのかによって得られる力学特性，ひ

そしゃくの種類
- 舌と口蓋で押しつぶす

- 切歯（前歯）で噛み切る
- 臼歯（奥歯）で砕く・すりつぶす

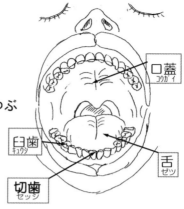

口蓋
コウガイ

臼歯
キュウシ

舌
ゼツ

切歯
セッシ

図5　そしゃくと口腔構造

ずみと応力の曲線は変わってきます。歯でかむような場合には食品の方が小さくて歯が入っていくようなつぶし方になるので食品よりも小さいプランジャー，舌でつぶすような場合は食品の方が小さくて大きなプランジャーでつぶすときに得られる物理データが，食感との相関性が非常に高いことが明らかになっています。

　もう一つ，食品を歯でかむ（貫入）の場合にもう一つ重要なのは，クラック（ひび）の入り方です。歯でかむような食感の場合，硬いから歯でかむわけですから，弾性的要素が非常に重要になってきます。それに対して舌でつぶすような食感の場合は圧縮してつぶしていくわけで，元々軟らかいですから弾性よりも壊した後の唾液と混じり合った粘度などの方が，例えば「とろーり」とか「クリーミー」とかというような表現のときには重要になってくると考えられます。

　肉の場合だとどうでしょうか。歯でかむほど硬い肉なのか，それとも溶けるような肉なのかによって，やはりこの辺はちょっと違ってくる可能性がありますし，つぶした後の物性，それから構造が，「口どけ」という感じで見ると重要になってくるのではないかと思っています。

現在，私たちは「クリーミー」と「口どけ」という，大分類の三つともにあるものに注目して明らかにしていこうとしています。

　その一つの例なのですが，400ｇの大きな固まったタイプのヨーグルト3種類で，QDA法（定量的記述分析法）といわれる7段階尺度の採点法で官能評価を行います。例えば，「クリーミー」というのには実は風味のクリーミーもあるので，味覚のクリーミーと食感のクリーミーを分けるということです。食感のクリーミーさを評価する場合にはノーズクリップ（鼻挟み）をして，香りが口から鼻に戻らないような形にして評価します。ポイントは，第1そしゃくから第2そしゃくというような形で，時間軸を意識させながら行って，「口当たりの滑らかさ」という，つぶすときの滑らかな流動について，「舌触りの滑らかさ」というのは構造的な均一性について評価してくださいという形で取っていくことです。

　これを主成分分析にかけて，どういった要素が「クリーミー」の近くにあるのかを見ると，第1主成分には幾何学的特性，第2主成分には力学的特性が強く出ています。基本的に軟らかいものですから幾何学的特性の方が強く出てくるし，さらにそしゃく後半の言葉が，相関が強くなってきています。基本的には同じ軸上にありますから，第1主成分としては同じ所にありますから，「クリーミー」というのは滑らかで粘りがあり，最初は軟らかい食感が，セットタイプ（固形状）のヨーグルトの「クリーミー」には非常に重要だということが分かってきます。

　整理すると，「クリーミー」というのは，時間軸では第1そしゃく，第2そしゃく以降，部位では切／臼歯から舌／口蓋，口腔粘膜，咽頭と，左上から右下に食品が破壊されつつ嚥下（えんげ）されるということになるわけです。そうするとやはり最初の段階では硬い・軟らかいという弾性的要素，それからつぶした後の唾液との混じりやすさ，トライボロジーとか体温で油が融けるというようなところ，それから流動というレオロジー的な特性，それから構造自体に凹凸がないというようなモルフォロジー，特に20μm以下の構造というのは口の中では構造としては認識されないという要素もありますから，そういったものを考える必

要があります（**図6**）。

　もう一つ，われわれの実
験の中でやっているのが，
繰り返し圧縮試験です。現
在は人工唾液を使っていま
すが，その中で試料をつぶ
していく。舌と口蓋の中で
つぶす方法です。徐々につ
ぶしていくと，口の中で破
片化していく段階をスロー
モーション的に捉えること
ができるのではないかとい
うことです。

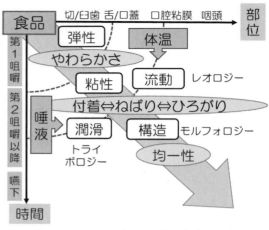

図6　クリーミー食感の二次元食感マップ

　実際に豆乳のネットワーク構造を電子顕微鏡で見ると，①豆乳 G では丸っぽ
いのが大豆タンパク質で，大きいのが脂肪球だろうと考えられ，それがネット
ワークをつくっています（**図7**）。③豆乳 Y の方は数珠状につながるストラン
ドタイプのネットワークで，これをよく見ると中に食物繊維と考えられるよう
な多糖類とタンクが一緒になってネットワークをつくっていることが分かりま

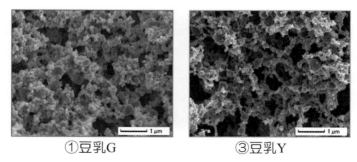

①豆乳G　　　　　　　③豆乳Y

図7　豆乳のネットワーク構造

（未破壊構造）

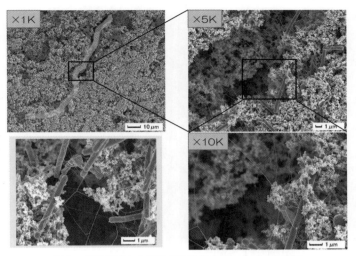

図8　90％圧縮した際の①豆乳Gのネットワーク構造

す。

　ポイントは，未破壊構造と書いていますが，圧縮したときにどういう壊れ方
をしているのかというところで，それを見ると違いがよく分かります。構造だ
けではなくて，実際に壊れたときにどういう壊れ方をしているのかということ
です。特に豆乳系のヨーグルトの場合は，食感のまろやかさみたいなものを出
すために，菌体外多糖を非常に出すような菌を使って両方とも作られているの
ですが，特に豆乳Gの方は菌体外多糖が非常に多いのが分かります。亀裂が
走った所を拡大していって様子を見ています。90％圧縮したときの亀裂の入り
方を見ると，多糖類がいるとやはり伸びていく方向があったりします（**図8**）。

　豆乳Yの方は，ネットワークが先ほどは数珠状のものであったのが，矢印を
した部分に引きちぎられた感じの所があると思います（**図9**）。イメージとし
ては，ネットワークが伸びて限界に達して切れて，真っすぐな大きな亀裂が走
るので大きな破片になって，ざらつきという部分につながるのではないかと考
えられます。

　電子顕微鏡で見ているのはメカニズム的なところで，10μmの構造体とい

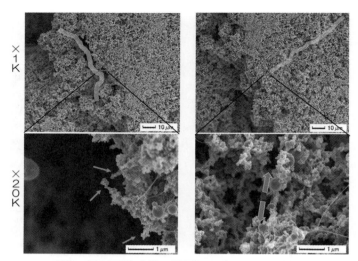

図9　90％圧縮した際の③豆乳Yのネットワーク構造

うのは実は口の中ではもう構造物としては認識されませんが，その切れ方や破片のでき方，構造形成のメカニズム，分子の集まり方，タンパク質もしくは多糖類が連続相の構造をどうやって形成していくのか，また，その連続相がどのように破壊されていくのかというようなところが明らかになってくるかと思います。

　４回目から５回目で下がってくるのは構造が引きちぎられるからで，ストランドタイプというのは引きちぎられるネットワークですし，ランダムタイプというのはブドウの房のような，ぽろぽろ取れていくような感じで，その方が硬さはないがいわゆる破片感はなくて，スムーズで「クリーミー」という感覚に近づくことがあります。脂肪球サイズも当然影響しています。

　続いて「口どけ」のことなのですが，日本語の場合は「口どけ」で，英語ではmeltingなのですが，meltingはそのもの自体が融けるというイメージかと思うのですが，日本語の場合はsolubleも溶けるという感じですし，ばらばらになっていくというのも溶けるという意味で使いますし，なくなったことを溶けると表現します。ですから，漢字で言えば恐らく「解」「溶」「融」「無」の４

種類くらいの「とける」を，みんな「口どけ」と言っているのではないかと思います。

それから，ゾル状態のソースからゲル状に近づくヨーグルトプリン，焼成したパンとかシフォンケーキ，結晶性のチョコレート，こういったものも全部「口どけが良い」と言っている，その「良い」というのはそれぞれ違うということになるかと思います。ですから，時間軸上で口腔内部位を踏まえ力学特性，構造状態がどう変化しているのかを見ていくのに，先ほどの繰り返し圧縮試験，人工唾液中での機器分析で破片の大きさ，でき方，それから力学特性が明らかになります。

ですから，最初の方ではレオロジー（力：変形・流動），最後の方ではモルフォロジー（凹凸），その途中はトライボロジー（界面：潤滑）という領域が重要になってくるのではないかと思います。

「口どけ」も，食感マップという形で描くと，第1そしゃくからの時間軸，それから歯，そして口腔粘膜という部位で言えば，最初は弾性，変形の話ですし，唾液で溶けて一体化する，体温で融けて一体化して流動する，潤滑，食塊がもう一度できてなくなっていくというような形で，この中で要素としてはいくつかのポイントがある。人によってそのどこを重要視するのかが違うので，同じヨーグルトでも A と B で「口どけ」が違うというようなことが考えられるのではないかと思っています（**図10**）。

エ　見た目のおいしさ

食品の場合は本当に見た目が重要で，例えば今，ハンバーガーのパテなども，色と香り，特に見た目は代替肉でもほとんど一緒のような感じで，そうすると見た目でそうだと思って食べれば，大体そうなってくるわけです。

その一つの事例として，プロセスチーズとアナログチーズの糸曳性（糸を引く性質）・メルティング性の研究をしています。

プロセスチーズやナチュラルチーズに溶融塩を加えて加熱溶融し，シェアリングで作られるようなもの，特に糸曳性と呼ばれる「加熱すると溶けて伸びる」

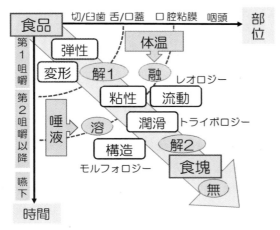

図10　口どけ食感の二次元マップ

性質というのは，チーズの視覚的なおいしさ，見た目のおいしさを感じる非常に重要なファクター（要素）だということで，例えばステーキ肉などでも焼いたときの様子が，非常においしさに対しては効くのではないかと思っています。

実験で，切られたパンの上に乗せて画びょうで留めてオーブントースターで焼いて，引っ張ってどういう感じに伸びるのかとか，その伸長距離を見ました。今では画像処理の技術が非常に上がっているので，単なる見た目の印象だけではなくて，統計数値で有意差検定をするような形で見られます。

それから，最初の原料だけではなくて途中の，加熱した後とか溶融した状態とか，引っ張って半分伸びたときの状態とか，そういったものの構造がどのように変わっているのかも見ています。構造観察でも，電子顕微鏡と共焦点レーザーでどのような構造になっているかを見ています。

CATA（Check All That Apply）法という官能評価でチェックしていくと，うまく設定してやれば質的データでも有意差は非常にきれいに出てきます。コレスポンデンス分析（アンケート調査などのクロス集計表を2次元マップに変換する分析手法）を行うと，1次元目と2次元目で，1次元目が非常に大きいのですが，「膜状の伸び」だとか，「好きな糸曳き」と「糸状の伸び」「伸長距離が長い」というようなところと相関が出てくるのが明らかになってきます。

ア）市販の植物性チーズ

市販の脂肪のみを代替したチーズを使っているアナログチーズと，全て植物

性の豆乳系のものと，ココナッツオイル・でんぷん系の市販のスライスタイプの３種類について，違いを見ていくと，糸曳性を見ると，全然伸びません。また，分布を見てみると，ある種均質になっているということと，脂肪球のサイズが大きめです。先ほどのような局在構造はとられていないということです。加熱・伸長による構造変化も元々デンプン系なのであまり見られません。

　分散相は，脂肪球の大きさが植物性で作ったものは大きなサイズになっている。連続相を見てみると，大豆タンパクのネットワークはランダム構造で，引っ張れば伸びるという余地はなさそうですし，でんぷんはランダム構造に平らな構造が入っていますが，相分離構造がうまくできていないのではないかと考えられます。ですから，植物性チーズにおいては脂肪球の大きさや局在をどのように調整するのか，脂肪球サイズをもう少し小さくした方がいいのではないかと考えられます。

　それから連続相の構造で，伸びを良くするためにランダムタイプのネットワークを作らせるのか，ストランドタイプのネットワークを作らせるのか，さらに多糖類と併用するのであれば，基本的にタンパク質と多糖類はタンパク質が多い所と多糖類が多い所に分かれますから，多糖類とタンパクに相分離構造をとらせた方がいいのか，逆にローカストビーンガムのようなタンパクとの相互作用が強いものとか，カードランなどもそうですがタンパクと疎水結合系で相互作用するようなもので糸曳性，糸状構造を付与した方がいいのか。引っ張ると伸びるということで言えばそういうものが考えられるし，加熱したときに溶けるということで言えば脂肪球の分散構造を考えていけば，動物性チーズ特有の糸曳性，伸長距離を長くする性質を付与できる可能性があるのではないかと考えられます。

オ　まとめ

　食品構造工学，「おいしさを食品構造から追究」をキャッチフレーズにおいしさをデザインするということで，プロセス，原料装置，配合条件によって食品構造がどう形成されるのかというところ，それから心理学，特に官能評価を重

要視しています。まだ脳科学がそこまで達していないので，よりおいしくするということには役立つだろうと思われるものの，サイエンスとしてはなかなか証明が難しい段階ではありますが，官能評価で客観性を持たせておいしさの感性表現を具体的な食品構造の破壊過程における変化として捉えて，これを食品構造というものでつないでいけば，メカニズムが解明できて，どういう食品構造を作ればいいのか，おいしい構造というものにはどういったものがあるのかということで具体化できるのではないかと考えています。

　有名な辻口博啓シェフが，いろいろな構造を持ったケーキを作っているという記事が柴田書店の『パティシエ』に出ていました。辻口シェフはイメージとしては時間軸と食感と風味のグラフのような感じで，食べたときに「パリッ，ザクッ」というのがきて，「カリカリ」ときて，「もちもち」がきて，最後に「とろーり」がくる。そのフレーバー（風味）とか，どういった食材，要素がこのような構造を形成しているのかというおいしさの設計図を描かれていました。これはケーキの話ですが，やはりおいしさをデザインする，時間軸の中でどういうふうな変化を起こさせていくのかということが非常に重要だと思います。

　プラントベースフードのおいしい食感のデザイン法ということで，ターゲットの食品のおいしい食感というものを2次元マップで具体化しておいて，プラントベースフードとの差を明確にしていく。特に注目すべきは，連続相の構造とその不均質，相分離を起こさせる。相分離というのは油と水だけではなくて，多糖類とタンパク質という水に溶けるもの同士でも相分離構造を起こしますから，そういった相分離構造，不連続なもの，もしくはもっと意図的に積み重ねていくというのでも全然食品としてはありだと思いますが，そういう不連続構造と連続相の構造でそれらがどういうふうに破壊されていくのか，破壊構造というものに注目してやると，同じような壊れ方をする，同じようななくなり方をしていくということであれば，非常に近いターゲット食品らしい，いわゆるおいしい食感が実現できるのではないかと期待しています。

質疑応答・討論

座長 食品構造工学というのは初めてお聞きしたのですが，非常に将来性のある分野ではないかと，大変感心いたしました。工学的なアプローチと心理学的なアプローチが，両方必要ということがよく分かりました。

石川 代替タンパク質関係の話で，PBF（プラントベースフード）がかなり市場にはたくさん出ているのですが，なかなか消費者がリピート購入してくれないとか，買う意味がちょっと分からないみたいなデータもあったりして，中村先生から見て PBF の何か足りない部分とか，特においしさとの関連で何をプラスなり考えていけばいいのかというあたりのヒントがあれば，教えていただけたらと思います。

中村 難しいですね。主食なのか脇役なのかという問題が大きくて，日本の場合，ヨーグルトはヨーグルトだけで食べるのです。チーズの場合は特にスライスチーズだと加熱して溶かして見た目で楽しんで食べるピザやトースト，それからサンドイッチに挟んで食べるような場合もあって，要求される部分が難しいです。それ単独で食べる場合の方がまだ研究はしやすいのですが，何かと一緒に食べるという場合には一体感とかそういう部分も必要になってきますし，何がと言われると，何だと思って食べるのかという方が，重要ではないかと思います。食品の場合は，全く新しい食品と言うと誰も食べてくれないので，やはりヨーグルトとかチーズ，肉とかと冠を付けて，そういうものをイメージした中で，期待値の中で食べて評価するので，どの程度おいしさというものを期待されているのか。肉のおいしい食感表現というのにどういう言葉があるのか，そういう言葉が出てくれば，それをどうやって実現していくのか。おいしさと言うと，もう人それぞれで終わってしまうのですが，食感ならばそのおいしさがどういう言葉で表現されているのか，感性用語でいいので何か切り口，引っ掛かりがあると，できるのではないかと考えています。

石川 もう1点は，今，先生は2次元の食感マップで，時間と空間で既存の食品を把握されていると思うのですが，今は代替肉だけではなくて例えば培養肉

とか，あと3D プリンターで既存の食材によらないで，ある程度一から食品とか料理みたいなものを作っていくようになると，こういう感じ方になるだろうというのをある程度予測した食品の開発というのがこれからメインになりそうな気がしています。先生から見て，今後の食品開発は理詰めでいくのか，やはり人の感覚みたいなものがどんどん変わっていくのか，どのような印象をお持ちでしょうか。

中村　やはりおいしさに関して言えば，現時点では人間に勝る分析機器はないですね。ただ，人間は本当のことを答えているとは限らない部分もあるので，脳科学がもうちょっと進んでくれば理詰めでいける感じにはなると思います。現時点ではまだ官能評価，人が評価する部分を優先して，ではそれをというふうに分けていく感じになっています。

春見　先生の2次元食感マップに大変興味を持ちました。それはどうも食品の物性といいますかレオロジー的な分析の仕方かと思うのですが，そこに食品の味覚やフレーバーといった官能的なものを重ね合わせることができるのでしょうか。

中村　できると思います。辻口博啓さんという有名なシェフが示されているように，実際は食感の変化だけではなくてそこにフレーバーの変化，味の変化がのってきますから人間はやはり両方で評価しているのではないかと思います。例えば「クリーミー」というのは実は味で言えば甘みが高いとクリーミー感が高いのですが，ヨーグルトでも少量の砂糖，分別閾値以下の砂糖を添加した場合，甘みでは有意差が出ないのですが，クリーミー感は圧倒的に有意に上昇するのです。いわゆる隠し味で。食感2次元マップと言っていますが，その中に味がどういうタイミングで出てくるのかということが入れられればいいかなと思っています。

春見　最近よくコクの研究なども行われているようですが，これを2次元マップに当てはめて考えてみますと，ちょうど真ん中あたりの付着とか粘りとか広がりとか，このあたりとかなり関係があるような気がしていました。

中村　はい。いわゆるコクというのは第1そしゃくの話ではなくて第2そ

しゃく以降，さらに嚥下した後，飲み込んだ後の残りの部分で評価されているのではないかと思います。物性面，それから口の中にどういうふうに残ってくるのかというところに，非常に大きな影響があるのではないかと思います。

春見　マップの中でだんだんそしゃくによって小さくなって最後に嚥下^{えんげ}される，溶けるということなのですが，例えば肉などの場合ですと，肉のおいしさを言うときに，中から汁が染み出してくることを「ジューシー」という言い方をよくしますよね。こういったことは，このマップの中にも表現できるのでしょうか。

中村　はい，できると思います。ジューシー感というのは，第1そしゃくにおける破壊に伴って液体成分がどれだけ出てくるのかということだと思いますので，そこのポイントと，さらにその出てきた液体が他のものと一緒になってどのように混じり合って食塊を形成していくのかというところで，やはり歯でかむような部分というのは最初のインパクトが大きくて，最初につぶした段階の食感変化で感じることが大きいのではないかと思います。

吉田　2次元マップの中にクリーミーさだとかそういったものを表現するときには，ここに描いてあるものとは別のものを入れて，最終的には主成分分析か何かで2次元の方に落としていくということですか。

中村　主成分分析とかコレスポンデンス分析はあくまで相関性を見るだけなので，そこで落とし込める位置関係は相関性だけなのです。この2次元の中に入れ込むのは，エイヤーですよね。いわゆるポンチ絵みたいな感じで押し込むしか，今のところはないです。

座長　主成分分析をすると，第1主成分が大体何を表しているかとか，第2主成分が何を表しているかというのは見えてきますよね。

中村　はい，見えてきます。だから，やはり軟らかいものだと幾何学的要素が第1主成分に出てくることが多くて，硬くて歯でかむような食感のものだとやはり力学的な弾性的要素とかそういったものが第1主成分で出てくることが多くなります。

座長　第2主成分は何ですか。見せていただいた例では，第1主成分が違っ

ていても近く見えるものと，一方，第2主成分で見るとほとんど同じでも異なっています。第2主成分は何を意味しているのでしょうか。

中村　それは，「糸の本数が多い」「面積が広い，狭い」などから考えるしかないです。

座長　私は動物の形態学を専門にしているのですが，大体第1主成分は大きさで出てきて，第2主成分はある種の形の違いで出てくることが多いのです。これは第1と第2は直交していますから，だから第1で表せない部分を第2が表しているのだと思うのですが。

中村　そうですね，15％ぐらいで表しています。

座長　はい。だからこの15％は何なのかなと。第2主成分が似ていることから，後から考える以外ないですよね。

　もう一つ，食感の日本語の特徴について，本当に日本語は擬音語や擬態語が多いですよね。この違いというのは，食感はすごく多いのですが，他のものも同じくらい多いのではないですか。

中村　はい。日本語はオノマトペ自体が多いです。語学的に言うと，英語などは動詞にニュアンスがあって，例えば日本語だと「飛ぶ」というと1個しかないですが，英語だといっぱい「飛ぶ」があるとか，それでそのニュアンスの違いを日本語の場合は擬音語，擬態語で補っているというような言語学者の話を読んだことはあります。「オノマトペ辞典」という4,500語とか，明治大学の小野先生がまとめられたすごく分厚い辞書みたいなものがあるので，基本的にはそれを見て，そこからスタートしています。

佐本　私も肉もどきを目指している1人なのですが，かまぼこ，牛肉，豚肉，鶏肉とあるのですが，粘弾性で弾性と粘性を測るのが関の山で，先生に今日ご紹介いただいたどう崩れるかというところ，すごく新鮮な感じでお聞きしました。どうせ肉もどきですが，皆さんがこれは肉だと思って食べる食シーン，そうでないと豆腐料理は限られていますので，そうすることで大豆タンパクも多く取っていただけると思っているのですが，食シーンで肉料理の具材として考えたときに理想的と言いますか，皆さんに「ああ，これはおいしいね」「おいし

い肉だね」と言ってもらえるような構造体というのは，崩れるときにどういうような崩れ方をするかということについて，教えて下さい。

中村 やはり繊維感をどう残すかだと思うのですが，肉の繊維感に近いサイズのものがエクストルーダ（搬送しながら加工を行う機械）で作ってあって，それが何かで結着していて，それが口の中で力が加わったときにほどけていくという部分があれば，肉感，繊維感，いわゆるハムではない，肉の感覚が残るのではないかと思います。

佐本 それは，先ほどの唾液の中に入れて浸して崩していくという，その崩した後の構造を観察するみたいなストーリーで繊維的な感覚を与える何か構造が要るということですか。

中村 そうですね。実は最初にやるのは，口の中に入れてかんで，吐き出してその様子を見るところからスタートします。どれくらいの感じになっているのか，どういう構造につぶれているのかを見て，人でやるとものすごくばらつきがあるのです。でもこんな感じになる破壊状態までもっていくには，どんなモデル系でつぶしていけばそういう状態になるのかというのを見ます。

佐本 では，その崩し方だとか何とかというのも，口の中でくちゃくちゃして，今だなというときに出して。

中村 そうです。吐き出して様子を見る。例えばその半分くらいの時間のときにどうなっているかなとか，そのようなもので構造の変化をまず。その構造物を時系列の中で追いかけていって，こんな壊れ方をしているからというのでできます。例えばヨーグルトの場合でも50％圧縮とか70％圧縮と圧縮率を変えたときに，口の中でどれくらいつぶれているところと相関があるのかというようなことを見て，ではそれくらいつぶしたところで物性データを取って見ていこうということでやると，結構官能評価との相関は出てきますし，ばらつきが減ってきます。

佐本 人工唾液というのは，文献にあるような感じのものでよろしいのですか。

中村 そうです。タンパク系のムチンとアミラーゼは最後に入れますが，あ

とは文献に載っているような塩類とかそういうものを入れてやっています。でもタンパクなら別に水でもほとんど変わらないとは思います。でんぷん系の食品のときはものすごくアミラーゼの影響を受けるので，温度とかそういうのをどうしようかというのは常に悩みます。

大谷 ちょっと前までは食品の構造というとそれぞれ単独だったのですが，先生のように体系的に整理されるととても今後に期待できると思いました。

まず，おいしさというのは親近性と新奇性の間にあるだろうというお話がありました。もう一つ，やはりターゲットの「食品らしい」というのがどうしてもあるというお話がありました。この研究会が始まった時に，今後タンパク質が不足し植物タンパクをどうするかというときに，従来の食品らしいというよりは，何か全く新しい食品というか食べ物ができないかということも少し考えたいと思いました。先生の研究の先に，オリジナリティーのある，全然違う食感とか全然違う形とかフレーバーとか，いろいろなことが考えられると思うのですが，そういう人間が今まで食べたことのない新奇性があり，人々から受け入れられるような食品の開発というのは可能なのか，あるいはそもそも人間の性質としてそういうことは無理で，徐々に変えていくしかないのかというあたりでご意見があればお願いします。特に若い方はこのごろ驚くようなものも普通に受け入れたりするような感じもあるので，その辺のざっくばらんなところをお聞かせいただければと思います。

中村 新奇性ということでは，食べ物に関してはやはり非常に保守的ですね。全く新しい食べ物というとまず食べてもらえないので，例えばヨーグルトでも，基本的にはブルガリア地方でこうやって食べられていて，体にいいというような情報があったからこそ，日本で広がっていったのではないかと思います。これが別の地域のヨーグルトとかと言われると，あれだけ広がったのかなという気がします。つまり，長生きしているような所でこれがよく食べられていて，発酵食品だし何か体に良さげみたいなところで徐々に広がっていったという部分があって，特にイメージというのはものすごく大きいのではないかと思います。ですから，全く新奇性というと非常に難しいですね。

大谷 なるほど。それは一つの情報ですね。今のはやりの健康志向みたいなところでその情報を付けるというやり方もあり得ますか。

中村 いやもう本当に今は情報を食べていますから，情報で食べれば，いわゆる先ほど言った経験的，直感的評価になっているので，情報ですり込むというのはものすごく大きいと思います。だってフランス料理と日本料理でどれだけ違うのだという話になってくると，日本料理の方が動物性のものを使うのが少ないという話になって，フランスでもお菓子でバターとかそういうのではなくて和菓子というのがはやってきているとかそういう話があったりもしますから，これもあくまでも情報のすり込みで，健康にいい日本食というイメージで，映画や小説でポピュラーになってくると，食べてみようかなと思ったりするわけですよね。われわれだって，どこかの国でおいしそうに食べられているものが紹介されたりすると。人が食べていると自分も食べて大丈夫かなと。

大谷 世界のどこでもいいですが，どこかで食べている食経験は，重要かもしれませんね。一方で，人間の食べ物として全然違う形の違うものは，やはり難しいという感じでしょうか，今のところは。

中村 そうですね。でも，実際のところは変わってきていますからね。同じ名前は付いているがどんどん変わってきているというものはあるので。基本的には軟らかいとかそういったものが受け入れられやすいのは間違いないわけですから，その方向性はあります。ただ，やはり食経験とかイメージとか情報とか，そういうものが一緒になってこないと，昆虫食でも昆虫をどういうふうに捉えるのかという部分で，うまくやれば昆虫も食べられますが，下手をしたら昔の石油タンパクみたいな感じで。

大谷 ネーミングから始めなければいけない。

中村 ええ，そういうところが非常に大きいと思います。

座長 とてもいい論議を最後にしていただいていますが，私は座長として代替タンパクという言葉は何とかならないのかと。代替タンパクをおふくろの味，親近感を表している言葉で。もう一つは，では新規タンパクと言って日本人が喜ぶかというとこれはまた変なので，何か先生，いい言葉が直感的にない

ですか。

中村　ヴィーガン食とかそういうのもイメージは非常に若者たちにはいいですよね。だから植物性タンパクの何とかと言うよりは，若い学生たちなどはヴィーガン食と言った方が，イメージがいいみたいです。何かおしゃれな感じで，いまだにまだアメリカの西海岸で行われるおしゃれな何かみたいな，先進的なというのがあるのですかね。

座長　いいヒントを頂きました。こういうのもイメージとして非常に重要なことだろうと思います。

中村　言葉というのは本当に大きいと思いますね。先ほど音印象と言いましたが，言葉の中に好きな言葉とか好まれる言葉とかがあって，そういう言葉を使っているのかどうなのかによってうまく広がるか受け入れられるかが左右されるので，ネーミングはものすごく大きいと思います。広く受け入れられるという意味で言うと，まず代替肉というのがいまいちですよね。

座長　ありがとうございました。

⑦消費者の新食品の受容とリスク認識

和 田 有 史*

はじめに

2022年7月21日に第10回食用タンパク質研究会を開催し，立命館大学食マネジメント学部認知デザイン研究室の和田有史教授より「消費者の新食品の受容とリスク認識」と題して発表の後，意見交換を行いました。

以下，その概要を紹介します。

和田　有史　氏

話題提供

私の専門分野は知覚心理学で，人の心についての研究をしています。この研究会では今後の食用タンパク質の問題について検討されてきたそうですが，新しいタンパク質食品を人がどう受容するのかということを考えるに当たり，心理学の知見が少し参考になるのではないかと思い，お話しします。

ア　なぜ心理学は「こころ」を研究するのか

心理学とは，こうした人間の行動や知覚や認知のアルゴリズム（計算手順）を，確率的ではありますが，解きたいということです。そういったアルゴリズムを考えてさまざまな食品や食品周りの情報も含めてデザインするという意味で，私たちの研究室は認知デザインと名乗っています。

ここでいう食は，eating（食べる）という人の行動に関わるところを見てい

＊わだ　ゆうじ　立命館大学食マネジメント学部認知デザイン研究室教授

かないと分からないので，food（食物）と eating の関係を心を含めて考えていこうという話です（図1）。

そういった考えを基に，われわれの研究室では Pseudo Retronasal Odor Display という鼻にパッキン（詰め物）をして，吐いているときににおいを出

なぜ心理学は"こころ"を研究するのか？

・人間の行動・知覚・認知の
　　　　アルゴリズムを解く
・そのアルゴリズムを考慮した
　　人間中心デザイン呈認知デザイン

食＝FOOD＋ EATING

図1　なぜ心理学は「こころ」を研究するのか

すと口の奥からのにおいのように感じられるというシステムを作ったり，チョコレートの「苦い」という言葉や「フルーティ」という言葉と，形の印象評定をさせて，これを多変量解析して同じ空間にプロット（置く）して，似た形であれば形で味を表現できるという，いわば風味の視覚化に取り組んでいます。形と味は本来関係ないですが，形で味を表現して，それがつなげてしまうというような技術を作ったりしています。これらについては特許化しています。

また食品の感動を評価して平均すると，どうも感動が薄れてしまうので，フードコラムニストの門上武司さんの3,000件以上のデータを電子化して，オノマトペ（擬声語）や形容詞から，どの料理屋でどんな言葉をどれくらいの頻度で感動用語として使っているか調べて，感動用語から店や体験を追えるようなシステムも作りました。

さらには，中高生向けに，勘違いされがちな新食品の知識について，勘違いしているということを体験させてみんなでディスカッションして正しい知識を身に着けていくという，サイエンスリテラシー（科学の読み書き能力）のためのカードゲームも開発しています。

イ　注目している社会の変化

なぜそのようなことをしているのかというと，ゲノム編集などがある一方で，

BIO（ビオ，有機農産物とその加工品）などが大変はやっています。竹内先生の所で培養肉，筋肉などを作っている一方で，経産牛をもう一回育て直して自然回帰みたいな感じや，アニマルウェルフェア（動物福祉）のようなものも考慮していくのですが，新食品を作っていかないとこの先食品が足りなくなってしまうので，BIOや環境問題を考えたものとのバランスをどう取っていくか，この辺も気持ちの問題が重要になってきます。

　さらに，Neuralink（脳にチップを埋め機器を動かす技術）やSnap Camera（映像を加工する技術）というZoom（ウェブ会議システム）に付加するもの，さらに私たちの作ったにおいディスプレーなど，脳や情報科学やロボティクス（ロボット工学）が発展しているので，五感のバーチャルや遠隔の日常化・エンタメ化があるわけです。Telexistence（遠隔臨場感）とかロボットとか，人の体を遠くから操って遠くのものを体験させるような，遠くのことと自分のことをつなぐような技術も出てきていて，これは結構楽しいのですが，日常生活の食品を実際に味わうことがどんどんリアルのイベント化していくでしょう。こういったものをどのように楽しんで大切にしていくかということも大切な研究分野だと思っています。

　加えて，人間の認識能力の限界と可塑性（外力を加えて変形させると，その後元に戻らない性質）の明確化が出てきます。そういった認識をどうコントロールしていくかということが重要になってきます。今日のフォーカス（焦点）はこの辺にあるのですが，新技術の完全な理解というのは誰もが不可能です。人間の認識特徴を利用して不安を扇情し，誤解を誘発してものを売るような，イーストフードは不使用とか，一昔前にありました。ついでに新技術を辱めて，その評判が悪くなっていくということがこれまでも起こっているし，これからも起こっていくでしょう。この辺が今，結構重要な視点だと思います。最近はナッジといって逆に科学的な理解や行動を促す手法が考えられてきており，こういったところを発展させたいと考えています。

　消費者の新食品の受容とリスク認識を知ったりコントロールするには，まずわれわれが人間の認識がどうなっているかという基礎知識を持たなければいけ

ません。今日はその辺にフォーカスしてお話しします。

ウ　注目している社会の変化

　イメージを他人と共有できるかというと，先ほどの形で味の印象評定の話で何となく分かるということもあり，共有できるところもあるのでしょう。大体こちらが意図して生成した図形で8割以上の人たちがチョコレートの味と形が一致したので，これは結構通じていると言えます。でも残りの人たちは通じていないわけです。こういったところが結構問題になってくるのかもしれません。

　このため，ある程度文化や個人を超えてイメージは共有できると言えるかもしれないし，それは何かに使えるとは思います。でもそこには個人差があります。この個人差というのがたくさんの人間になってくると，マイノリティーだと思っていた人が10万人とか20万人とかいると大きな声になっていったりします。なので，信念や知識など個人の隔たりを考えると結構絶望的なことも起こったりするわけです。

　数年前に，糖尿病治療に祈祷が有効だと思って小児糖尿病でインスリンの投与をやめさせた親がいて，お子さんが死んでしまうということがありました。そういう話を聞くと皆さんは多分，ちょっと知識が足りなさ過ぎて浅はかなのではと親のことを思われるかと思います。私もそう思うのですが，その親の気持ちを考えると，親はそのときにインスリンよりも祈祷の方が効くと。インスリンをやめさせたいという願いがあって，祈祷でそれが代替できることがすごくリアルに感じられたのだと思います。こういったことから，その人のリアル，個人のリアルは科学的事実に基づかないということも分かります。

　また，これは軽い話なのですが，ウェディングドレスの選択をしているときの視線の測定を行った結果，女性はドレス選びのときにちゃんとドレスを見るのですが，男性はドレスをあまり見ないでモデルさんの顔ばかり見ている。やはりあまりドレスに興味がないのだなということです。でも，これはわざとではなくて，糖尿病治療に有効なのはインスリンよりも祈祷だと信じたのはそれ

が真実だと思っているから信じているわけですし，ドレスを選んでいるつもりで顔を見てしまうのも仕方がないのです。これを不適切だと責めるのは，人間の認識について考えると，あま

・糖尿病治療に有効なのはインスリンか，祈祷か。
・ドレス選びのときの男女の差（高橋・渡邊，2008）

> それぞれが真実だと信じているし
> 正しいと思っているし
> やるべきことをやっているつもり

図2　イメージの食い違い

り良くはないのではないかということです（図2）。

　あと，同じものを見ていても，隣の人と自分で感覚が違うということはよくあります。

　イナゴの佃煮がご飯に乗っている写真を見ておいしそうですかと聞くと，100人くらいのトーク（話）をしているときには，2〜3人ぱらぱらとおいしそうだと手を上げるのです。昆虫食というのはすごく個人差があって，食品を見ておいしそうだと思う人と，気持ち悪くて嫌悪刺激のような，ただ昆虫だとしか思えない人がいます。

　イナゴ，蜂の子，カイコのサナギ，セミなどの写真を皆さんに見てもらっていろいろ聞いてみました。そうすると，やはり内陸では喫食体験が多いですし，団塊ジュニア世代くらいの人たちまでは35％以上は昆虫を食べた経験がありました（図3）。そのうち，1,000人中300人くらいがイナゴは食べたことがあるという結果が出ました。

　イナゴ，蜂の子，カイコ，セミの喫食経験が多いほど，おいしそうに見える確率が高くなりました。1,076人中100人近くの人が見ておいしそうだと思っているということです。蜂の子,カイコ,セミの順においしそうに見える人が減っていき，逆に「まずそう」「食品に見えない」「気持ち悪い」というのがかなり多いのですが，これも喫食経験の逆の関数として増えていくわけです（図4）。やはり個人の経験によって，気持ち悪いとか食品に見えないという人もいれば，おいしそうに見える人もいました。こうした個人差に今後は一層目を向けていかなければいけないと思っています。

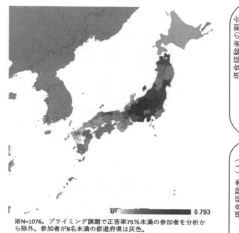

※N=1076。プライミング課題で正答率75%未満の参加者を分析から除外。参加者が8名未満の都道府県は灰色。

都道府県別摂食経験者の割合

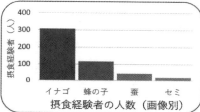

摂食経験者の割合（年齢別）

摂食経験者の人数（画像別）

- 内陸部で摂食経験者の比率が高い
- 年齢が上がるほど摂食経験あり
- イナゴ、蜂の子はそれなりに食べたことがある

図3　昆虫の摂食経験のアンケート結果

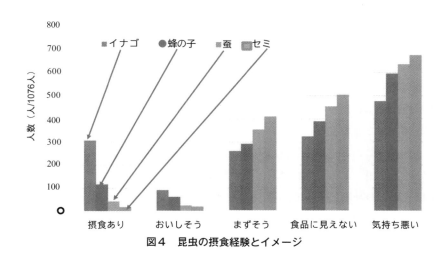

図4　昆虫の摂食経験とイメージ

フードファディズムという言葉を群馬大の高橋先生がお話しされています。これは，食べ物や栄養が健康と病気に与える影響を熱狂的あるいは過大に信じることと定義され，先生の本では「マスコミで流されたり書籍・雑誌に書かれている『この食品を摂取すると健康になる』『この食品を口にすると病気になる』『あの種の食品は体に悪い』などというような情報を信じて，バランスを欠いた偏執的で異常な食行動をとること」となっています。この本は，そういったものがフードファディズムにつながっていくかということを書いていて，とてもいい本ですが，偏執的で異常な食行動なのかということをちょっと考えてみたいと思います。

　これは食の専門家から見た見解であって，先ほどから人間の認識は論理的ではないということを話していますが，これは知識の有無だけの問題ではなくて，人間の認知は元々不合理なのだということを知ってもらうことが大事だと思っています。

　人間の確率判断の不合理性というのがあります。直感的な確率判断は数学的正解と大きく異なるという意味で非合理だということです。では，何に基づいて私たちは直感的な判断をしているのかというと，行動経済学というのは元々心理学から派生して出てきたものですが，行動経済学の中でヒューリスティックス（発見的手法）という言葉があります。問題解決，意思決定を行う際に，規範的でシステマチックな手順によらず，近似的な答えを得るための解決法です。例えば，ぱっぱっぱっとスーパーで何か買うときもいちいち論理的に考えずに適当にしているわけです。その適当さというのは実は何となくルールがある。そのルールが確率判断とはちょっと違うルールだったりします。

　2020年の初めの新型コロナウイルスのPCR検査のやり方についての，一般の人やテレビでの評論家たちの判断も，かなりヒューリスティックスに基づいた判断であることが分かっています。これは確か前年の中国の論文で，PCRの感度は50〜70％だというのが出ていたのです。また，CTで撮ると90％以上正確に判断できるみたいな論文が出ていたのです。PCRは多分コンタミ（混入）とかが起きる可能性を考えて，特異度は99％と考えることが多いようなのでこ

のように発表されています。有病率はよく分からなかったということです。でもすごく低いだろうということは分かっていたというのが20年前半の新型コロナウイルスの状況でした。

　もし市民がランダムに感染しているかどうかという確率がよく分からない状態で，有病率が0.1％だった場合は，検査して本当に感染している人の確率は5.7％くらいしかなかったので，陽性が出たら絶対に入院させていたら，片っ端から検査していたら本当にコロナに感染している方は5.7％しかいないので，残りの95％ぐらいの病床はコロナ患者ではない人で埋まってしまいます。

　それで，陽性的中率を上げるという判断を多分医療関係の方たちはされて，すごく具合の悪い人でCTまで撮って，これは肺炎だなということが分かった状態でないとPCR検査をしなかったことは，的中率を上げるためだったということだと思います。

　分かりやすく有病率を50％にすると，当たる確率は98％にも上がります。こうした認識がどうしても消費者の皆さん，あとテレビで報道される方たちもできていなかったところがあったのだと思います。

　人間の認識としては，人間は確率推論を実行できる認知アルゴリズムを進化させてきたのですが，それは確率やパーセンテージを扱うようにはできておらず，頻度を扱うようにできています。欧米のインフォームドコンセント（説明と同意）を新聞広告でするときには，0.1％を表示するために一面広告をだーっと使って1,000人分のボディイメージみたいなシルエットを描いて，このうちの1人をわざわざ出して，頻度としてその確率を示すようなことをしたりしています。こうした人間の認識というのを考えながら消費者とコミュニケーションをしていかなければいけないと思っています。

　トバスキーとノーベル経済学賞受賞者のカーネマンによると同じ金額でも失うと思ったときの損失感は，得たときよりもダメージが大きいということです（**図5**）。冷静な確率判断のトレーニングを受けている人は同じに捉えるかもしれませんが，どうしても損した感というのが人間にとっては重要なディシジョンメーキング（意思決定）のファクター（要素）になってきます。こういった

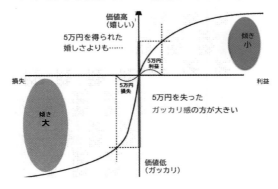

人は手に入れること（利得）より，失う（損失）ことを過大に評価しがちで，そのため最適解を求めるよりも，損失を回避するための行動をとりやすい。

価値高
（嬉しい）

5万円を得られた
嬉しさよりも……

傾き
小

5万円
利益

損失

5万円
損失

利益

5万円を失った
ガッカリ感の方が大きい

傾き
大

価値低
（ガッカリ）

https://studyhacker.neUprospect-theory

図5　プロスペクト理論

傾向をしっかりと把握していくといいのかなと思っています。

エ　食のリスクの認識

　食のリスクの認識に話を移すと，食品安全委員会がやった調査では，一般消費者は農薬の残留や食品添加物というのはすごく気を付けるべきものだとしていますが，食品安全の専門家はちゃんとコントロールされたものなので特にそれほど気を付ける必要がないと考えています（**図6**）。消費者の意見は科学的知見とは一致しない傾向を持ちます。それは皆さんがこれまでものすごく体験されてきたことだと思います。

　人は事実ではなく認識で行動するということです。直感と確率論的思考だと直感の方を信じます。先ほど言っていたようなヒューリスティックスが直感だと思うと，結構専門家の認識とは違ってしまいます。直感というのは一定のパターンと原理があるので，その点を考慮して新しい食用タンパク質についても発信していかなければいけないのかなと思います。恐ろしさと未知性のレベル

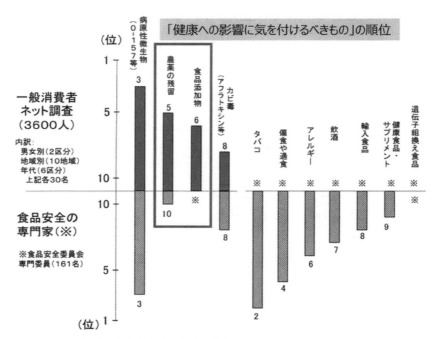

（位）
「健康への影響に気を付けるべきもの」の順位

一般消費者
ネット調査
（3600人）

内訳：
男女別（2区分）
地域別（10地域）
年代（6区分）
上記各30名

食品安全の
専門家（※）

※食品安全委員会
専門委員（161名）

病原性微生物（O-157等）　3
農薬の残留　5
食品添加物　6
カビ毒（アフラトキシン等）　8
タバコ　※
偏食や過食　※
アレルギー　※
飲酒　※
輸入食品　※
健康食品・サプリメント　※
遺伝子組換え食品　※

（一般消費者）10　10　※　8
（専門家）3　10　※　8　2　4　6　7　8　9　※

図6　食品安全性に関する非専門家と専門家の認識の違い

から判断しがちです。あとは受動的リスクより能動的リスクの方が受容性が高いです。喫煙者とかがそうです。どうやってちゃんと理解してもらった上で消費者に積極的に関与してもらうかというところが、今後新しい技術を受容してもらうために大事になってきます。情報の信頼性と便益性の認識の程度、それを受け入れることでどれだけ得をするかということも自覚してもらえるといいのではないでしょうか（図7）。

　不安・反感を招く要因としては、身近で起こって、強要されて、自己利益にならなくて、制御困難で、人為的原因で、新しい技術で知覚できないなどがあります。招かない要因に導けばいいというものではないのですが、図7の左側の要因をしっかりとつぶしていって情報を開示していくことが今後の新食品の受容にとって大切なことだと思います。

リスク認識というのは知識・経験の問題だろうと皆さんは考えていると思うのですが，実は私たちの認識の仕組みそのものがリスク認知に大きく関与しています。ただ知識を詰めていっても入っていかない人たちの方が多いですし，1回嫌になってしまうと入れる気もなくなってしまうので，認知特性というのをもうちょっと意識しながら新食品の受容を促していくことが求められるのではないかと思います。

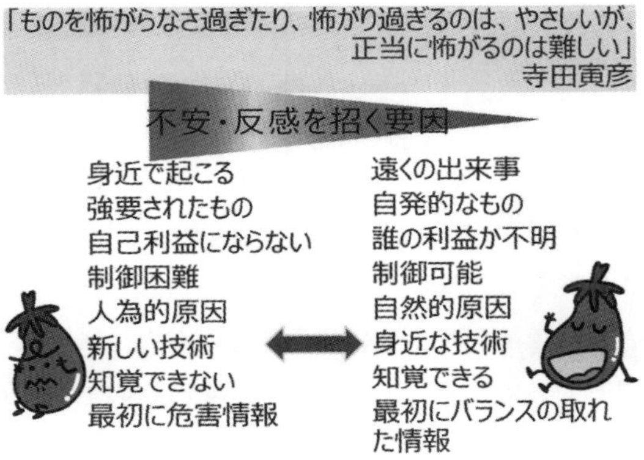

図7 不安・反感を招く要因

「ものを怖がらなさ過ぎたり、怖がり過ぎるのは、やさしいが、正当に怖がるのは難しい」
寺田寅彦

不安・反感を招く要因

身近で起こる	遠くの出来事
強要されたもの	自発的なもの
自己利益にならない	誰の利益か不明
制御困難	制御可能
人為的原因	自然的原因
新しい技術	身近な技術
知覚できない	知覚できる
最初に危害情報	最初にバランスの取れた情報

CRTの特徴

1）誤答には特定の解答（直感的解答）が圧倒的に多い
2）正答の場合でも，しばしば最初に誤答が浮かんでいる
3）誤答した人は簡単だと言うが，正答した人は難しいという
4）類似した問題を間違えやすい
5）宗教的信念など，日常的な思考の傾向にも影響を及ぼす
（Gervais & Norenzayan, 2012, Science）

直感的な思考 (Intuitive thinking)	分析的思考 (Analytic thinking)
System 1 fast	System 2 slow

e.g. Daniel Kahneman (2012). Thinking, fast and slow

図8 認知傾向検査（CRT）の特徴

認知傾向検査（CRT）というのがあります（**図8**）。簡単なクイズみたいな問題で，おもちゃのバットとボールを合わせて1.1ドルです。バットはボールより1ドル高いです。ボールの値段は幾らですかと聞くと，ぱっと0.1ドルではないかなと思うのですが，ちゃんと計算してみると0.05ドルとなります。こうした問題が3問並んでいます。

そうすると3点満点で0〜3点まで分布するのですが，アメリカでウェブ調査すると，0点が40％で，1点が30％で，0点と1点で70％のポピュレーション（母集団）が占められているわけです。全問正解する人に至っては10％ぐら

いしかいません。これは母集団によって違って，MIT（マサチューセッツ工科大学）でやると3点が50%ぐらいになるのですが，MITでさえ0点の人が10%弱います。

特徴としては，誤答には特定の解答が多くて，正答する人でも1回誤答が頭に思い浮かんでいるということです。誤答した人は簡単だと言うが，正答した人は難しいと言います。宗教的な信念とか日常の思考の傾向にも影響を及ぼすと。直感的思考，分析的思考というのは，先ほどのダニエル・カーネマンが提唱していて，システム1（System 1）の早くてヒューリスティックスに頼る思考が普段はドミナント（優勢）であると。そして，ちゃんと判断しなければいけないときに，よく考えてディシジョンメーキングをすると。これは多少の能力差はありますが，どのような人にも並列的に存在していて，日常的にシステム2（System 2）を発動する頻度が高い人と低い人がいるということです。

われわれのウェブ調査では，先ほどのCRT検査をした後，残留農薬についてのイメージ調査をしました。ADI（1日摂取許容量），NOAEL（無毒性量），残留農薬基準についての説明をして，これらに対応するような，あなたの目の前にある食品はどのような感じか，基準値以上の場合と以下であることが確実な場合なども混ぜて，その後にその食品の安全性の評価をさせるということをしました。説明に当たっては，食品安全委員会がよく使う文章と，食品安全委員会が好きなシグモイド関数（入力した値を0～1の間に収めてくれる関数）と，もっと簡便化したイラストを使いました。

日本の消費者にやったのですが，0～3点の分布は海外でやったウェブベースのものとほとんど同じでした。0点が4割勝ち，1点が3割ぐらいです。文章だけあると，やはりCRTスコアが高い人の方が正答率が高いです（図9）。シグモイドを付けても正答率には全然変化がないのです。これは理解の助けに全然なっていません。イラストを付けるとぐっと正答率が上がるので，科学的情報は工夫次第で消費者に伝わる可能性が高くなります。人口の4割ぐらいを占めるCRT得点0点の人たち，7割になる0点，1点の人たちに情報を伝えることがわれわれのミッション（使命）になってくるでしょう。こういう1次

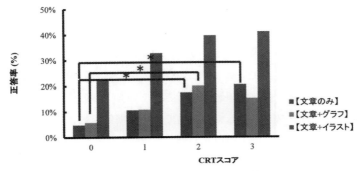

- 文章　スコア0とスコア3，2に有意差　(*p* <.05)
- グラフ　スコア0と2に有意差　(*p* <.05)
- イラスト　全ての条件に有意差なし

情報提示の工夫により
分析的思考傾向が低い人でも適切な情報理解が可能

図9　農薬のイメージ調査における提示条件別の CRT スコアごとの正答率

[Honda, Wada, et al. (2015)①]

元のグラフにすることは科学者にとってとても勇気が要る決断だと思うのですが，どの程度だったら消費者に理解してもらえるかを考えていかなければいけないと思います。

　次に，一般消費者に比べて，これは放射線技師や看護師や医師などでそれぞれ CRT 得点を取ってみたのですが，医師以外はそれほど一般消費者と変わらない感じでした。なぜこういった人たちなのかというと，人の健康や食品の流通のコントロール，摂取のコントロールなどをする側，情報を伝える側の人と伝えられる側の人たちは何か認識が違うのかということを知りたくてこういった調査をしました。

　いつ調査をしたかというと，2012年に，放射性物質の量の新基準値が設定されたすぐ後ぐらいに調査しました。東北で魚が基準値を超えてしまったので，流通させられないような新聞記事が踊っていたときなのですが，それを基にし

た記事を読ませて，何々県産の海産物についての態度をウェブ調査で評定してもらった結果なのです。それを見ると，多変量解析と因子分析をしたときに2因子が出てきます。どういう因子かというと，例えば新基準値を超えた食品を食べると直ちに健康に悪影響が出そうだというリスクに対する嫌悪とか過剰な回避がまとまった因子と，基準値超えが報告されていないものについては人体への影響はないというリスクに対しての耐性です。基準値を超えていなければ大丈夫というような因子の2因子が出ました。

リスクに対して，先ほどの医者とか放射線技師はリスクアバージョン（リスク回避）が一般消費者に比べて全体に得点が低いということで，専門的知識を持っているというのはちゃんと効くのですが，面白いのは，CRT スコアが高いほどリスクアバージョンが低いということです。一般消費者でも，CRT が高ければ専門家と同等のリスクアバージョンの低さを保つことができるということです。先ほどのシステム2を使いがちなのが CRT 得点の高さにつながるのですが，うまくシステム2を発動してもらえれば，消費者の方もリスクアバージョンを少なく情報を受け取ることもできるかもしれません。もう一個の基準値を超えていなければ大丈夫だというのは，一般消費者も専門家も，どの CRT スコアの人たちとも変わらないということです。新基準値をちゃんと低く設定したということは，消費者のリスク認識を低くするのにとってとても良かったと言えるのかもしれません。

人間の認知特性と情報のデザインということを考えると，人間は与えられた情報をそのまま理解できるわけではないのです。ですから，専門的な情報を投げっぱなしにしても，理解してもらおうとしたことにはなりません。知識の不足は原因の一つにすぎません。私たちは与えられた情報から何らかのメッセージを作り出します。消費者の皆さんにとって真実というのは，信じていることが真実であって，客観的な情報というのはあるべきですが，そこに真実性を見いだすかどうかはその人の認知特性によるものです。

オ　植物性食品の受容を目指して

　私は不二製油の MIRACORE（ミラコア）というものを作っているグループと一緒に研究しています。植物性のビーフシチューみたいなものを作るとどうしても味が物足りなくなります。その物足りなさというのは，動物性の油脂とタンパクがもたらす満足感みたいなものなので，そこをしっかり持った食品や食材を作っていこうとしています。有名なのは，豚骨ラーメンの一風堂の赤丸というのを植物性で作って結構うまいと評判になったものです。植物性の油脂とタンパクで動物性食品のおいしさのコアを持つ植物性食品を創出する技術を作っていて，私も味わいましたが，すごくよくできている感じでした。

　植物性食品というとこれから動物性を食べていくと何か CO_2 量も増えて駄目みたいだから植物性で代替しようと，仕方なく食べるという印象がすごく強く出てきていると思います。

　仕方なく食べるのではなくて，知り合いのシェフを連れてきて，その食材を生かした新しい料理，MIRACORE でなければできない新しいおいしさ，動物性のにおいとかが全くなく，ただうま味の満足感だけ与えるような，動物性の満足感だけを与えるようなものも開発し得るので，これでなければできないおいしさというのをシェフたちと創出しようとしています。

　図10の左下はカブの酢漬けの中に植物性のチーズが入ったものなのですが，チーズの臭さとかがあると，カブの風味とチーズの力強い油脂とタンパクとうま味みたいな感じの組み合わせになっていて，これは一般のチーズでは実現できないような，カブの香りが感じられるような食品になっています。

　代替タンパク質だけではなくフードテック（食の先端技術）全体についてなのですが，私が最近考えているのは，食品というのは食料としての食品と，嗜好品的な食品ですね。フランスでは食べ物について，Nourriture という言葉と，Aliment という言葉あるそうです。これは Jacques Puisais という，ワインとか子どもの味覚教育の神様みたいな人で，私も2019年にお会いして彼の所で１週間くらい合宿したのですが，ちょっと精神性も入っているのですが，すごく面白かったです。Nourriture は生理的に栄養を満たすために摂取する，いわ

図10　植物性食品 MIRACORE を使った新しい料理の創出

ゆる食糧です。米に量と書く方の食糧です。Aliment は摂取することで人間の感覚を刺激して精神を養う，心の豊かさを作っていくようなもの。こういったところは，今よく言われるウェルビーイング（幸福）につながるような考え方だと思っています（**図11**）。

　農研機構にいると食品の機能というのは三つあって，１次機能，２次機能，３次機能なのですが，人間とこういった食品はどう関わっていくのかということをもうちょっと意識していくべきなのではないかと私は考えています。ウェルビーイングが今後の社会にとって一つの重要な目的だとすると，この間に，地域とか文化とか個人差も食の中でとても重要なことなのですが，１次機能，２次機能，３次機能を体に与えるような Nourriture と Aliment にどう影響を与えていくのか。Aliment はいろいろなファクターが絡んできて，フードテック全体が意識していくようなものだと思うのですが，このような食品の新たな研究というか，在り方の枠組みを考えて，ウェルビーイングも医学的なのか，快楽的なのか，持続的なのかそれぞれ考えていて，お互いに関係するようなものだと考えられているようですが，どちらかというと Aliment としての食を考

フードテックのオポチュニティ

- 「Nourriture」と「Aliment」
  - **Nourriture**：生理的に栄養を満たすために摂取するもの

  - **Aliment**：摂取することで人間の感覚を刺激し、精神を養う食べ物

Aliment
精神を養う食べ物
≒ウェルビーイング

Jacques Puisais 1927-2020

図11　フランスの食べ物に関する二つの考え方

フードテックのオポチュニティ

食品機能性

- 一次機能：栄養

- 二次機能：嗜好

- 三次機能：生体調整

ピュイゼの食の在り方

- Nourriture：栄養

- Aliment：感覚を刺激
精神を養う

ウェルビーイング

- 医学的ウェルビーイング

- 快楽的ウェルビーイング

- 持続的ウェルビーイング

地域・文化・個人差
コミュニケーション

図12　食品の新たな研究の枠組み

えて，人間の認識も踏まえた新しいタンパク質でもいいですし，フードテックというのが発展していくといいのではないかと思っています（**図12**）。

質疑応答・討論

石川 食の研究では，食品側ではなくて人を知るというところももっと考えなければいけないなと改めて感じました。新しい食品タンパク質を人々が食べてくれるのかどうかという点が多くの方は気になると思います。新しい食品のメリット，デメリットの受け止め方は，個人差が激しいと思うのですが，その個人差は何でできてくるのか。元々生まれ持った生得的なもので変わってくるのか，教育とか周りの環境とかの影響が大きいのか，いかがでしょうか。

和田 味覚的な好みというのは，生得的なものも多少あるのですが，ほとんどが経験によるところだと思います。一部の人に嫌われている食品というのは伝統的な食材でも納豆はまずいとか嫌いという人もいますし，ラーメンも体に悪いから嫌いとか，インスタントも嫌いという人もいます。ですが食べている人たちの方が多いので社会的なムーブメント（動き）として嫌うものになってしまうのかどうかは，社会科学的なファクターをもうちょっと考えなければいけないので，周りの環境はすごく大事だと思います。

　新しいものが嫌い，口に入れないというのは人間とか動物の特性なので，どうそれを食べたいと思わせるかが新しい食品ではすごく大事になってくるのかなと思っています。

石川 これまで先生は認知デザインという分野のいろいろな取り組みの中で，だんだん変わっていくということを見ていらっしゃると思うのですが，新しい食品の場合に，例として不二製油の MIRACORE の，それでしか作れないものみたいなところが私も大事だと思うのですが，何をどういう意識に変えていくのが新しい食品の受容にとって一番重要だと思われますか。

和田 昆虫食の研究をして，むしろ嫌悪の方を測りたかったのですが，被験者で来てくれる人たちは誘い合って，友達と一緒に食べるとか，そういう楽しみなイベントのように来てしまって，全然嫌悪が測れなかった苦い経験があるのです。それは食品として売られているので安全だというところが一番根本にあって安心感はあったのだと思いますが，やはり仲間内ではやるとか，みんな

で食べるとか，やはり人間は社会的な動物なので，自分が知っているステークホルダー（利害関係者）たちが楽しんでいるという感じにすると，興味を持ってむしろ喜んで食べるようなこともあるので，食べるコミュニティーみたいなものをつかんでその情報を発信して，げてもの食いではなくクールなものであるという感じにしていくことが，今後広めて行動を変容させるためにも大事なのかなと思います。

大谷　この研究会はいろいろな新しいタンパク質の可能性を探っていますが，現実問題としてタンパク質が足りなくなることから，国民の多くの方に納得して食べてもらうというのも一つの大きなミッションとしてあります。食べなければいけないのではなくて，食べなければ損であるというような持ち掛け方が必要な一方で，今ある肉というのは環境に悪いとか，FAO（国連食糧農業機関）は赤肉は結構リスクが高いとしているとか，そういうことを持ち出すのが一番早いかなという気もしています。先ほどあったような，はやるとか，みんなで食べるというように最初に消費者に持ち掛けるときに，われわれはどのように考えたらいいか。あるいは政府は全体で考えていかないといけないかと思うのですが，丸くうまく移行するためのアイデアやご意見はありますでしょうか。

和田　食べなければいけないとか，量を増やしたいからというのは，どうしても一般消費者は自分の関与にならないですよね。だから，自分の目の前の利得と損みたいな感じに考えると，ちょっと高いかもしれないし，しかもおいしくないかもしれないものにお金を払うのかとなると，やはり買うと損をしているイメージになってしまうかもしれません。ですから，もうちょっと面白さとか，例えば豆のエナジーバー（栄養補給食品）みたいに，スポーツのときにいいとか，海外では文化として，環境にも配慮してヴィーガンがはやっていますが，日本はまだ全然そういうムーブメントも来ていないし，来なさそうな気もするので，やはりおいしいとか，得した気分になるとか，環境にプラスしてポイントがもらえるとか，そのような細かい得みたいなものを目に見える形で渡していくと，もうちょっと広まるのではないかと個人的には思っています。

　例えば，この調査もウェブ調査をたくさんしていますが，Yahoo!（ヤフー）

のクラウドソーシング（インターネット経由で不特定多数の人に仕事を発注すること）とかだと，2ポイントとか5ポイントとか10ポイントとか，5円，10円だけのために100問ぐらい答えてくれるわけです。私なら絶対にしたくないと思いますが，10円の得とか，そういう細かいポイントみたいなものが消費者は好きなので，大谷さんがおっしゃったような情報も開示していくのと，プラス何か得をさせてあげるということはとても大事だと思いますと。その辺は本質ではないと皆さん思うかもしれませんが，喜んでもらうというのは，お金を払って買うわけなので，とても大事なファクターだと私は思っています。

大谷 今はウェブとかSNS（交流サイト）とかいろいろあって，今おっしゃったようにいろいろな細かい面白さとか喜びとか，薄く広く全体を持ち上げるような方向でしょうか。以前のように何か宣伝して「みんなこっちへ行くぞ」みたいなものはなじまないでしょうか。

和田 環境問題とか大豆ミートとか，あとは培養肉とかというと，必ず悪口を言う人が出てきます。培養肉とかが非難されないようにするには，意外と，消費者には全然違うかもしれませんが，iPS（人工多能性幹）細胞とかは意外と受容されている感じがしますが，でも遺伝子組み換えはすごく拒否されたわけなので，何かイメージが違うのだと思います。何か悪巧みをしているように，皆さん感じてしまうのですね。それを避けるためには，やはり何か細かい利得みたいなものを見せていくのがとても大事なのではないかと思っています。

大谷 例えば先ほどの情報デザインだとかいろいろなことをやるのですが，ある消費者が，個人レベルの差はありますが，ある日突然ぱっと納得する瞬間がありますね。例えばゼロリスクを信じていた人がそうではないとか，あるいは培養肉は気持ち悪いと言っていた人がぽろっと変わる瞬間というのは，何か共通のメカニズムというか，心理学的に見て何か共通の法則というのはあるものなのですか。ふに落ちる瞬間の研究みたいなものはあるのでしょうか。

和田 認知科学会とかが納得の心理学みたいなことをしていますが，やはり質的な研究が多いですね。システマチックなインタビューをして，こういうときにふに落ちるみたいだというのを，事例を幾つか挙げていくと，幾つかの累

計というかパターンみたいなものが出てくるので，そういうマインドチェンジ（意識が変わること）した人に対して幾つかの事例で，心理学の中で整理の仕方が提案されているので，参考になると思います。

　車を買うときのディシジョンメーキング事例をマツダが分析しているのですが，そういう事例を10とか貯めていくと大体パターンが見えてくるので，それを基にもう1回アンケート調査をしてみるということなどをしています。買い物の話とか結婚式場や車を買うまでのディシジョンメーキングの結節点は何かというのを探ったりもされています。

大谷　一般論でこういうところまで蓄積すると，ころっと変わるとか，そのような研究はあまりないと思っていいでしょうか。

和田　すぐに思い出せないのですが，幾つかのカードが揃うと少し考えが変わったりディシジョンしたりということが，車のゴルフが良かったのだがマツダになったみたいなきっかけを探るという例があります。その科学がどうやって見いだせるかというのは，まずは TEM（複線径路・等至性モデル）というインタビュー技法があるので，それに基づいて幾つかインタビュー調査をしてみるのもいいのかもしれません。

大谷　なるほど。最後に，いろいろな人が納得しても，例のゼロリスクでもそうだし，他のものもそうですが，どうしても信じられない人というのが10％か15％残ってしまうのは仕方がない。そこの人たちを納得させるのはそもそも無理だと思うしかないのですか。

和田　あり得ないと思います。もう信条の自由に近いです。

大谷　そういう世界になってしまうのですね。ほとんど，6〜7割は納得というか，例えば新しい食用タンパク質の必要性を何となく5割でも納得してもらえたら，もうそれで十分だと。

和田　私はそう思います。結局，全部が培養肉に置き換わるわけではないので，多くの人が両方を受容してくれて，たまにごちそうのときには本物の肉を食べるみたいな感じになってくれるといいのですが，絶対にそういった不自然なものは食べないという人は，やはり信条の自由だと思います。放っておくし

かないけれども邪魔はしないでねという感じです。

春見　人間は確率論的には捉えない。人間の脳は確率論的に捉えるよりも直感，または経験によってだんだん蓄積していくというお話がありました。そうすると，統計的な手法については確立された方法ではなく，直感を，頻度を扱うようにできているとおっしゃったのですが，これをきちんと手法的に研究する動きはあるのかどうか。単に，幾つかリスクの程度を図で示してあげると理解しやすくなるというのは，リスクの場合は基準値なりがあって安全性が決められているので非常に分かりやすいのですが，メリットの方は，これを食べるといいことがあるというところはなかなかそういうのがなくて，そこできっとそういうものを消費者に提示するのは難しい。難しければ，何かそれに代わり得るような方法論的なものや研究はあるのでしょうか。

和田　今，農水省の人などとも話しているのですが，ナッジという行動経済学的な知見に基づいて，人をより良い行動に促していこうという試みが，マーケティングではされているので，そういうものを生かして正しい認識とか，私たちが思っている考え方をナッジ側の知見を利用して広めていこうと思っています。それは科学的にフェアに皆さんに自由に理解してもらいたい，その上で行動してもらいたいという考え方からするとアンフェア（不公正）な感じに思われるかもしれませんが，理解に導くために行動様式をナッジでコントロールしようという行動経済学や認知心理学のファクターでの試みはされています。

春見　人間の認知において経験がすごく大きいと思うのですが，最近，ゲノムワイド（ゲノム全域）に解析をして，嗜好や好みをゲノムレベルで解析して結び付けようという研究が盛んにされています。心理学の方ではこれをどのように使っていかれるのか，どのように入り込んでくるのかというあたりをお聞きしたいのですが。

和田　ゲノムの関係と行動パターン，性格みたいなものの関係を検討する試みは20年ぐらい前から始まっていて，人間の遺伝子型は，欧米でいうと，うつ側の遺伝子型の人が結構多いとか，明らかになっています。人間の行動とか，ある種の好みと遺伝的なファクターの関係は検討されています。あと嗜好につ

いては，β-イオノン（スミレのにおいの化合物）を感じない，受容体を欠いている人たちの味のパターンみたいなものも検討されているので，少しずつですが人間の行動や嗜好とゲノムというより遺伝子との関係は頑張って解明しているところですが，やはりノイジー（ノイズが多い）なのです。その他の要因の方が強いので，あまりきれいなデータにはなっていない印象はあります。

座長 昆虫食については経験があるとその経験が生かされるという意味で，北欧の国では小学校の給食のようなもので昆虫を出しているという報道がありました。そのときに，恐らくSDGs（持続可能な開発目標）とかは説明していると思うのですが，子どもたちに対する認知心理学的な働き掛けが生かされているかどうかというのはご存じですか。

和田 私はその辺は知らないのですが，先ほどのフランスのJacques Puisaisという人は味覚教育をやっていて，それについては五感の特徴を知って個人差があることも知っていこうと。食べ物について，好き嫌いはあるので，いきなり食べろということはしないが，観察したり絵を描いたり触ってみたりすると，おのずと付加的な効果として偏食が減ってくるようなこともあります。さまざまな食材と触れ合う経験をさせていこうという試みは，サービスとして今も幾つかの保育園で提供されています。

　小さい頃から教育しようという話は，カゴメも野菜嫌いをなくすための保育園みたいなものをつくっているので，試みは日本でもされています。効果の測り方がやはり結構難しいですが，行われています。小学校で行っている人もいますが，小学校で行うと，先生方の完食率みたいな指標があるらしくて無理やり食べさせる先生が出てきたりしてちょっと困るところもあって，なかなか測定に至っていない感じもします。

腰岡 私は花の研究者で，イメージを作り出すというのは何とか分かるのですが，今まで毛嫌いしていたものを日常の生活に取り込もうとするときに，イメージ，認識の変化や機能性の理解を引き出すことが非常に重要かなと思いました。それで食に関するイメージの変化を促すためには，自分自身がどのようなことを理解すればいいか，どのようなことに意識改革をすればいいのでしょ

うか。先ほどお話しされた付加的効果でもってそういうのをなくしていくというのもあるのですが，イメージの変化を促すためには，私は事実に基づいた機能の理解をもっと突っ込んでいけばイメージの変化が促されるのではないかと思うのですが，どうでしょうか。

和田 機能性を上げて消費行動を促そうというのは，機能性表示食品とかもそうだったと思うので，健康にとても興味がある人たちにとっては有効なことだと私も思います。機能性表示食品がその後ちゃんと売れているかとか，トクホがちゃんと売れているかというところで見ると，その効果が分かるのかもしれません。その一方で，機能性食品が薬だと勘違いされたら困るというのを皆さんおっしゃるのですが，企業の広告的なものを見るとものすごく微妙な広告をしているので，本当に機能性の理解を高めようとすると，薬だと勘違いする人たちも増えてくるのではないか，その辺をどうすればいいかというのはいつも疑問だなと思います。ちゃんと理解してもらうことをどこまで消費者に期待できるかというのは，やはり心理学とか教育学とかの知見をちゃんと貯めて，どの辺を落としどころにするのかというのを決めなければいけないと思います。私も機能性表示の最初のときにプロジェクトに入って消費者調査をしましたが，大体ちゃんと理解できていない。やはり意識の高い人は薬ののりだと思ってしまうのです。効くのか効かないのか，効き目が見えないのにそれを買い続けるのは，やはりもう信念に近いものになってきます。そこは，全消費者が機能性についての科学的知見や理解を持ち得るのかというのは結構難しいところだと思っています。正しい理解と消費行動が本当に結び付くのかというのは，本当に正しく理解してもらわないと難しいのかなという気がしています。

古在 遺伝子組み換え植物を食品にするのに，日本人やヨーロッパ人は結構反感を持っている人が多い。なぜ遺伝子組み換え植物を食品にするのは嫌かというと，直接食べるもので命に関わるものだからだと。花だったら別に遺伝子組み換えでも構わないという方が結構多いのですが，一方で，医療の分野でインスリンとかインターフェロンは100％遺伝子組み換えの大腸菌等々で作っているのです。あれはもう完全な薬ですから命に関わることで，だけれども，遺

伝子組み換えで作ったインスリンは天然のものとは組成が違うのに，それを使うことに反対する人を聞いたことがないのです。そういう反対運動も。それは宗教とか性別とか国とかは関係なく，ともかく使っている所が多いのです。そこが先生のおっしゃる心理学的な話なのか，それとも戦略的な感じもするし，なぜ医療用の遺伝子組み換え産物は大丈夫で食品は嫌だと思う人が多いのか，その辺を教えていただけたらありがたいと思います。

和田　とても興味深い質問だと思います。人間は先ほども言ったように直感で判断していくので，薬のときに遺伝子組み換えかどうかには注意が向かないのだと思います。多分ほとんどの人は遺伝子組み換えでできたということを知りません。病気を治すことばかりに注意が向いているので特に気にならないですが，「ではやめます」と言ったら薬を打ってもらえないですよね。でも，食品は遺伝子組み換えを避けても他のものを食べられるので，「遺伝子組み換えでない」という表示があると，遺伝子組み換えのものを食べると損するというイメージになってしまうのだと思います。先生にとっては同じことだと思うかもしれないのですが，一般の人は同じこととして考えないのだと思います。

古在　そうですね。一つ気になっているのは，遺伝子組み換えで作ったインスリンは，医学の分野ではバイオ医薬品と呼んでいます。遺伝子組み換え医薬品とは絶対に言わないのです。植物の方は遺伝子組み換え植物とか遺伝子組み換え食品とか。そこが関係しているのかどうか。もし遺伝子組み換えという名称を使うことがその普及に関係するのだとすると，今度の昆虫食とか培養肉，植物肉の呼び方は大事という気がしたので質問させていただきました。

和田　呼び方はすごく影響があります。着色料のコチニール（エンジムシの赤い着色料）も虫のイメージになってしまったから違う名前になっていますし，いろいろな名前で同じものを売っていたりするので，名前はとても影響力があります。ただ，あまりに正体が分からないものになってしまうと，確かヨーロッパの添加物は番号みたいなもので添加物の記述があるけれども，「あの番号は何かやばいものらしい」みたいなうわさが飛び交ったこともあるらしいのです。ムスリムの人に「何々が入っていると豚が入っているらしい」という噂が入っ

たことがあるらしくて，それも結構大騒ぎだったみたいですが，どこまで正体をなくせばいいのかというのは，やはりちゃんと検討すべきことだと思います。

佐本　人間の心理ということでお伺いしたのですが，私どもは大豆を使った素材で動物性に代わる食文化を築きたいと偉そうなことを言っておりますが，先ほどお話にもありましたが，タンパク質クライシス（危機）というか，なくなるから代わりにこれを食べなければいけないという意識で食べるのではなく，こういう食べ方があるという驚きと，おいしいなと感じて，食の豊かな選択肢を実感していただける瞬間というのが大事かなと思っていて，MIRACORE も含めて，今後どのように世間への認知をしていったらいいか，何かアドバイスがありましたらお願いします。

和田　私たちは何となく危機感をあおってしまう傾向にあって，もちろんクライシスではあるのですが，危機感に追われて何かさせようとしても，やはり損させられるイメージになると思います。それより，これを食べると結構ハッピーというような，幸せのモチベーションも危機感と並行して上げてあげないと消費者は動かないのではないかと思っています。今の人は結構ボランティア意識も高く，クラウドファンディング（インターネットを介して広く資金を集めること）とかでうまいことリワード（報酬）が得だったりするとそこに流れたりもするので，危機対応というより幸せな未来づくりみたいな発信の仕方も，結局同じ内容かもしれないのですが，それはそれでいいのだと思っています。

佐本　ありがとうございます。先生のお話で，分析的思考と直感的思考ということで二つあると思うのですが，グルテンフリー（穀物タンパク質の主成分のグルテンを除去）とか，グルテンが体に悪いのだということでそういう市場ができていますし，大豆もイソフラボン（大豆等に含まれるフラボノイド）は女性化するのだとか言ってアメリカでは特にバッシングがあったりしています。こういうのは分析的思考から言うとちょっとナンセンスではないのかなという面もあるのですが，こういったギャップというのはあまり弁解しない方がいいのか，それともデータで反論した方がいいのでしょうか。

和田　グルテンフリーのものはセリアック病（グルテン過敏性腸症）の人に

とってはとてもいいので，利益を享受している人たち側の発信もしっかりして
いくことが大事だと思っています。そうすると，セリアック病は少ないけれど
もある程度ポピュレーションもあって，病気への対処としていいみたいな話も
すごく広まっていきます。薬でも，アトピーの人が使うもので，一時期それは
使わない方がいいという人たちもいましたが，やはり治った話を聞くと受容さ
れていくので，細かい言葉尻のバッシングに対しては確固たる利益を得ている
人たちの情報も，それに対してというよりも常に発信していくのが味方を増や
すこつだというのを読んだことがあります。

佐本　食品は毎日食べるものですし，不確実な体への変調というのがベース
にあって，科学的には分からないが何か良くないことが起こっているのではな
いかという疑心暗鬼なところがあります。遺伝子組み換えもそうですが，そう
いうことは絶対に避けて通れないというか，それを否定することは良くないと
いうことだと受け止めました。

和田　良くない情報が出てきてしまいますが，全然でたらめであればちゃん
と言っていくべきだと思うのですが，良いことがあった人たちも多いからそう
いった商品を出しているわけですから，うまくそちら側の発信もしていくこと
で，打ち消せはしないのですが，良いと思っている人たちも増やすことが大事
だと思っています。

佐本　対応しているということをやはり発信した方がよいですね。

和田　そうですね。消費者の認識は面白くて，添加物でアレルギーが出ると
いう人もいらっしゃいますが，卵だってアレルギーはあるわけですから，その
辺とどう違うのかというのをちゃんと考えなさいと学生には言っています。他
の食品との同等性みたいなものも，それへの対処というよりは常に言っていく，
さり気なく発信していくことが大事だと思っています。

座長　どうもありがとうございました。本当に今日は楽しいお話を頂きまし
た。和田先生には心から御礼を申し上げます。

⑧新規タンパク質食品の受容について

石 川 伸 一*

はじめに

2022年11月11日に第13回食用タンパク質研究会を開催し，宮城大学食産業学群分子調理学研究室の石川伸一教授より「新規タンパク質食品の受容について」と題して発表の後，意見交換を行いました。

以下，その概要を紹介します。

石川　伸一　氏

話題提供

私からは食文化が新しいタンパクの受容に関してどういう影響がありそうかという話をさせていただきます。私は食文化の専門ではなくて，調理科学を専門としているので，その範囲でのお話になります。

ア　フードテックによる新規開発食品

この研究会で新しい代替タンパク質という話をずっとしてきましたが，それ以外にも「新しい食」というのはたくさんあり，3Dフードプリンターなど機械で作る食もいわゆるフードテックに含まれ，それによる新しい食が既に登場しています（図１）。消費者は，新しい食に対して，期待感もある一方で，何を食べさせられるのだろうという不安も同時に感じているのではないかと感じています。

＊いしかわ　しんいち　宮城大学食産業学群教授，研究会委員

植物性代替肉，培養肉，昆虫食，3Dフードプリンタ，ロボティクス，AI，IoT，テーラーメイド食…

私たち（食の消費者および生産者）は，新しい食の技術（フードテック）による新規タンパク質食品とどのように社会に提示し，向き合っていけばいいのか？

新しい食には，期待もあれば不安もある

図1　食のアップデート化（フードテック革命）

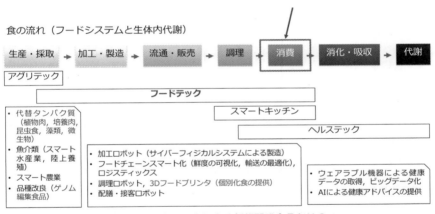

図2　フードテックによる新規開発食品とは？

　フードテックという分野は非常に概念的に捉えどころがないというか，難しい部分があり，この研究会でお話ししているのは，主に食のスタートの生産部分の代替タンパク質が中心なので，どちらかというとフードシステムの川上に相当するアグリテックと呼ばれる分野なのかなと思っています（**図2**）。ただ，

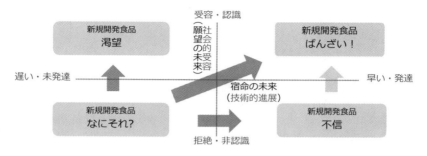

新規開発食品の技術的進展ではなく，社会的受容の要因を考える。

図3　新規開発食品の未来の4象限

フードテック自体は，その後の加工・製造だったり流通・販売，調理，消費というフードシステム全体も含むので，代替タンパク質の開発だけではなくて，いろいろな加工ロボットであったり，調理ロボット，さらに3Dフードプリンターのあたりも含む概念と思っています。より消費に近い，調理や消費の部分をスマートキッチンという場合もありますし，私たちの健康に関するテクノロジーはヘルステックという場合もあって，フードテックというのはかなり幅広い範囲を含んでいるものかと思います。

　今日の食文化の話は消費のところが非常に大きいので，フードテックの中の消費，特に消費者の受容の話が中心になります。

　フードテックの話をする場合に，技術的な進展が未来どうなるかというところと，それを社会が受け入れるか，受け入れないかという二つの軸があると思っています（**図3**）。横軸の左側が遅い・未発達，右側が早い・発達という技術的進展の横軸と，私たち消費者が新しい技術を受け入れるか否かを縦軸として上が受容・認識，下が拒絶・非認識とすると，恐らく技術的な進展が進み，社会がそれを受容するというのが非常に万歳な状況ではあるのですが，ひょっとしたら，技術が進んでもそれを受け入れないという右下の新しい食品に対する不信の状況にもなり得るのではないか。もしくは，技術が思ったほど進展しないが消費者が望む，渇望という左上の状態にもなり得るかなと。そのため，技術

的進展と社会の受容性を両方併せて考えていく未来が重要かと個人的には思っています。

イ　食の進化論―新規開発食品の淘汰圧とは？―

　新しい食に関しての私の見方は，客観的に進化論的な見方が有効であると思っています。『利己的な遺伝子』という本を書いたイギリスの進化生物学者リチャード・ドーキンスが，「ユニバーサルダーウィニズム」という考えをずっと前に提唱していて，要は進化の概念を他の分野にも応用しようというものです（**図4**）。代表的なのは進化心理学や進化医学かと思います。

　生物学における進化は，純粋に変化を意味するものであって，進歩や発展は意味しないため，価値判断において非常に中立的であり，新しい食の開発であったり，タンパク質源の今後の進化をユニバーサルダーウィニズムの中立的な視点で眺めていけたらと思っています。

　調理学が専門なので，食周りの進化的なものをよく包丁で例えるのですが，包丁の進化をひもとけば，元々石器のような黒曜石で肉や野菜などを切っていたものに，手で握る柄の部分が付いて包丁という形になり，材質もいろいろなものに変わっていきました。さらに包丁だけではなく，いろいろな切る道具も

ユニバーサル・ダーウィニズム

Richard Dawkins, 1941-

https://www.thetimes.co.uk/article
/richard-dawkins-will-give-away-
the-god-delusion-to-muslims-
bx5zvzi7

イギリスの進化生物学者リチャード・ドーキンスが，ダーウィンの進化論をもとに，生物の進化の領域を超えて，他のさまざまな研究領域に応用した概念。

実際に，心理学，経済学，言語学，医学などでは，進化論の理論を拡張した，進化心理学，進化経済学，進化言語学，進化医学といった分野が登場している。

　生物学における「進化」は，純粋に「変化」を意味するものであって
「進歩」や「発展」を意味しない。進化は，価値判断において中立的である。
新規開発食品の進化を，ユニバーサル・ダーウィニズムの中立的な視点で眺める。

図4　食の未来の考え方

併せて進化してきたので，食の進化は，食べ物も含めて，恐らくテクノロジーの進化なのだろうと感じます。新しい技術による新しい食品の多くは，たくさん登場し，自然選択によって消えていったものがほとんどで，今残っているものがむしろまれなのではないかと思います。新しい食べ物，新しい技術の何が消えて何が残るのかという，進化論でいう選択圧，淘汰圧みたいなところが私的にはとても関心のあるところです。

　例えば包丁でいえば，SFの世界のよく切れるライトセーバー（電光剣）包丁のような，レーザーカッターのようなもので食品を切ることは，技術的には既に恐らく可能ではあるとは思うのですが，恐らくこういうものは危な過ぎるとか，メンテナンスが大変とか，いろいろな形に切れないという点で普及しないと思います。そのため，食の未来を予測する上で，技術的な進化は何となく予想できるのですが，予想が難しいものとしては，その技術を社会がどう受け止めるかという受容の問題が存在していると感じます。例えばスマートフォンや車などは基本的に新しいものが受け入れられると思いますが，食の場合は必ずしも新しいものが受け入れられるとは限らない。その背景には，やはり人の心理や，今日お話しする食文化や，個人個人の食の価値観が大きいのかなと。そこは食の場合，無視できないと感じています。

　新しいものの社会的受容における選択圧みたいなものをあえて抜き出してみると，やはり食文化という過去から現在につながる歴史が前提になります。以前，この研究会で立命館大学の和田先生にお話しいただいた食べる側の心理もやはり考えなければいけないと思います。また，心理的なものの一つかもしれませんが，個人の価値観が食の場合は非常に幅広いので，食のアイデンティティーや個々の食の思想ももちろん考える必要があります。さらに，最近はエシカル消費という，環境であったり人であったり動物に配慮した倫理的な食が求められているので，これも価値観の一つかと思いますが，より重要になっていくと感じます。最後に，社会的な課題にきちんとつながるかというところも，新しい食の受容性の選択圧になると思っています。

ウ 新規開発食品と心理

　新しい食品と心理的なところは，これも和田先生にお話しいただいたような内容で，特に新しい食品に対しては，私たちは食の心理学的にいう食物新奇性恐怖という，新しいものへの恐怖感という基本行動を持っているので，基本的にはやはり新しいものは警戒されます（**図5**）。これは私たちがいろいろなものを食べる雑食動物であるが故の行動です。その一方で，新しいものを食べたいという食物新奇性嗜好（しこう）の心理も併せ持ってはいるのですが，特に新しいテクノロジーで作られる食というのは，テクノロジーに対する不安というのが最初は乗っかっているのかなと思います。そのため，これを無視して進めることはできません。

　培養肉や新しい食の参考になる事例は，遺伝子組み換え食品ではないかと思います。遺伝子組み換えに関する調査がいろいろある中で，消費者に対するアンケートで遺伝子組み換え食品の認知度であったり，安全性の検査みたいなものは多くの人がきちんとやっているという認識はあるのですが，では遺伝子組み換え食品を買いたいですかとか，不安について聞くと，割と不安を抱えている人が大多数であったりします。恐らく安全であるということは理性的には理解しているが，何となく漠然とした感情的な不安を多くの消費者は感じているのではないかと思います。これは恐らく食べ物というよりも，それを作る新し

『雑食動物のジレンマ（The Omnivore's Dilemma）』

マイケル・ポーラン 著
『雑食動物のジレンマ　上・下』
（東洋経済新報社）

食物新奇性恐怖
（Food neophobia）

食物新奇性嗜好
（Food neophilia）

今田純雄 編
『食べることの心理学』
（有斐閣）

人には、なじみのない食物を拒否する「食物新奇性恐怖」という行動特性がある。
新規開発食品に抵抗感を感じるのは、私達が雑食動物であるが故。
新しいテクノロジーによる食は、そもそも不安の対象になりうる。

図5　新規開発食品を進化心理学で考える

いテクノロジーがよく分からないという，ブラックボックスのように感じることが不安の根本ではないのかと感じています。

　そのため，消費者に対する新しい食品，培養肉やゲノム編集食品なども恐らく同じかなと思うのですが，そういうものを消費者にきちんと理解してもらわないうちに提供する側がどんどん「環境にいいのだよ」といった形で提供しても，なかなか消費者は理解しにくく，不安だけが募っていって，最終的にはあまり受け入れられないものになってしまう恐れがあるのではないかと感じています。

エ　新規開発食品と食文化
ア）培養肉の場合

　食文化の話を学生にすると，あまりぴんとこないというのが正直なところで，ある種，食文化を私たちは当たり前のように感じていることが背景にあると思います。そのため，例えば私の担当している調理科学という授業の中で最初にこういう話をします。牛肉や豚肉の科学の話はするが，ネズミ肉はなぜ取り上げないのかみたいなことを言ったときに，ネズミ肉なんて当然食べないので，その科学が存在するとは思わないわけです。その背景には，やはり私たちが食べているものは文化の上に成り立っているのです。

　米国の文化人類学者のマーヴィン・ハリスという人が書いた本の冒頭に「食べ物の謎」という文章が書いてあって，「生物学的に人類にとって食用に適さないという理由で，ある種のものは食べ物としてパスされる。例えば，人間の消化器官は大量の繊維質を消化できないという単純な理由で。だが，人間が食べ物としないものの多くは，生物学的観点から見れば完全に食用可能なものばかりだ」と。ネズミ肉も食べようと思えば食べられると。「何を食べるに良いものとするかを決めるポイントは，単なる消化生理学を超えた他の何かであると言わざるを得なくなる。他の何かとは，民族の料理伝統，食文化である」と。そのため，食文化抜きに私たちが食べる食べ物は決まらないという話を学生向けに最初に話したりします。

肉の需要に関しては，これもいろいろなところで言われているように，世界的な人口増加や中国等の中産階級の増加によって，肉の消費は年３％ぐらいで今後ずっと増えていくだろうと考えられています。私たちが今食べている従来の肉の割合は恐らく減っていき，今90％を占めている従来の家畜の肉が2040年ぐらいには40％になり，植物性の肉，代替肉が全体の25％になり，培養肉がかなり増えて35％になるのではないかと予想されています。これは恐らく一番楽観的な予測かなと思いますが，果たして培養肉がそんなに増えるのかという点は，技術的な課題ももちろんありますが，培養肉に対して私たちは本当に食べるのかという社会受容が大きいのかなと個人的には思います。

　培養肉に関するアンケートはいろいろされている中で，一番最初が2019年で３年前で古いのですが，日清食品と弘前大の日比野先生が日本人向けの培養肉に関するアンケートを行いました（**図６**）。普通にただ「培養肉を食べたいですか」と３年前に聞いたときに，食べたい人は４分の１ぐらいで，食べたくないという人が半分弱でした。興味深いのは，事前に情報を与えると食べたい割合が変わるという点で，例えば培養肉は食料危機を解決する可能性がありますとか，動物を殺さないので培養肉は動物愛護にいいですという情報を先に提示することによって，食べたい人が４分の１ぐらいから50％ぐらいに増えるという結果が出ています。

　ただ，食べたくないという人も，どんな情報を出しても３分の１から４分の１ぐらいはいるため，教育によって培養肉の受容は変わる可能性がある一方，食べたいと思わない消極派は決して少なくはないという印象はあります。

　同様の培養肉の受容に関するアンケートは，海外でも行われています。米国とインドと中国の３カ国の方に対して同じような質問をしています。「培養肉を買いたいですか」と。その中で最も買いたくないと拒絶を示したのが米国の消費者で，全体の23.6％，４分の１が否定的な意見を示したと。それに対してインドと中国の否定派は少なくて，米国の方の培養肉の購入意識が低い要因が解析結果からいろいろと出ていたのですが，食べ物に対する嫌悪感という漠然とした理由で拒絶していることが示された論文がありました。

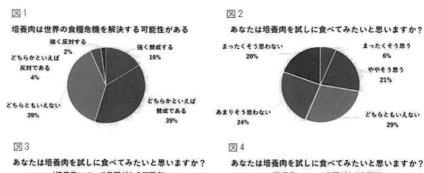

図6　日本における培養肉に関するアンケート

［日清食品と弘前大学日比野愛子准教授の報告（https://www.hirosaki-u.ac.jp/45351.html），調査方法：インターネットリサーチ，調査対象者：全国20〜59歳の一般男女，有効回答人数：2,000名，割付方法：性別（男性，女性）と年代（20〜29歳，30〜39歳，40〜49歳，50〜59歳）を均等割付各250名，調査期間：2019年5月30日〜6月2日］

　また，新しい肉の受容に関して，これまでの日本人の事例で一番肉が話題になったのは，恐らく文明開化期の牛鍋，すき焼きの受容のときかなと思います。元々肉を食べない私たちの先祖がなぜ牛鍋を食べていったかという背景が非常に面白くて，それまで野生の動物たちは牡丹鍋とか紅葉鍋とかの料理で食べていて，その食べ方にうまく牛鍋も合わせて，特に客の注文に合わせて調理されました（図7）。ただ，食材としては牛肉という新奇性は入ったため，先ほどの心理の食物新奇性嗜好と恐怖のバランスがうまく保たれたものが牛鍋として出されていたのかなと思います。ある種，食の保守性，食文化を持続していったことが牛鍋受容の一つの要因かなと考えられます。

　しかし，新しいものを食べるときのスタートには何か理由が必要で，牛鍋の受容に関してもいろいろ書かれているのですが，滋養にいいというところが割

文明開化期当時の牛鍋屋は，文明開化の象徴といった華やかなイメージはなく，むしろ暗く，怪しげな雰囲気であったという。それまで牛は農耕や運搬などに利用されていたため，その肉を食べるということには，人々の強い忌避感が存在していたとされる。

牛鍋は，牡丹鍋，紅葉鍋といった江戸時代の料理を元にしつつ，味付け，煮方，焼き方は客の注文に合せて調理された。従来あった調理法にそれまでなかった食材である牛肉を具として取り入れることで，料理に新規性を取り入れつつ，一方で，食の保守性，すなわち食文化という連続性は維持された。

日本の文明開化期において，滋養という概念，すなわち栄養思想が肉食を奨励する論理の核ともいうべきものとなった。しかし実際のところ，この論理的理由は肉食をする上で周囲からの奇異の目の回避や自分自身に対する言い訳として機能していた。『安愚楽鍋』の中には「牛肉＝美味」の記載がいたるところにみられる。

石川伸一，「肉を食べる／食べない」のこれまでとこれから──"新しい肉"の受容とおいしさ，
『現代思想』2022年6月号（青土社）

図7　文明開化期の「牛鍋」の受容のカギは？

と最初に食べ始める大きなきっかけで，ただ，一度食べ始めると割とおいしいという嗜好性の意識が芽生えて，おいしさで食べるようになっていったという背景があります。これは現代も恐らく同じで，やはり最初に見知らぬものを食べ始めるには健康というキーワードが重要なのですが，それを食べ続けるためにはおいしさがないといけないのだろうというのが，牛鍋の事例から感じるところです。

イ）植物肉の場合

　次に，食文化の関係で植物肉，プラントベースフード（植物由来の原材料を使った食品）の話です。培養肉と比較して植物性の代替肉，大豆やえんどう豆などは，特に日本人は納豆であったり，豆腐であったり，がんもどきという形で食べてきた食経験，食文化を持っているので，他の代替肉，培養肉や昆虫食などと比べるとはるかにアドバンテージ（有利）はあると思います。

　この代替肉・代替タンパク質に関するインターネット上の調査，昨年のデータですが，昨年の段階で実際に代替肉を食べたことがあるという割合は，全体の４分の１ぐらいだそうです（**図8**）。今はもっと増えていると思います。代替肉・代替タンパク質で食べたいと思うものを聞いてみると，植物系の大豆ミー

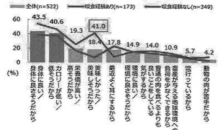

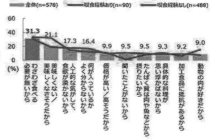

図8　代替肉・代替タンパク質に関する調査

（2021年5月にインターネットリサーチにより，全国47都道府県の20〜69歳の男女1,100人を対象に行われた調査。https://www.cross-m.co.jp/report/life/20210526fakemeet/）

トは6割ぐらいの方が食べたいと答え，それに次いで多いのが，がくっと減るのですが，ユーグレナ，クロレラなどの藻類で，さらに培養肉はかなり低くて11％で，さらに昆虫系は6％で，どの種類も食べたくないという人も3割ぐらいいます。

　代替肉・代替タンパク質を食べたい理由と食べたくない理由も併せて聞いており，食べたい理由のメジャーなツートップが「体に良い・良さそうだから」「カロリーが低い・低そうだから」という，健康志向でそういうものを食べたいという方が多く，食べたくない理由の1位は「わざわざ食べる必要がないから」という身もふたもない回答だなと思います。

　興味深いのは，実際にそういうものの喫食経験の有無で，極端に差があるのは，やはり「おいしかった・おいしそうだから」というもので，喫食経験のある方は再度食べたい理由になっています。食べたことのない方は当然「おいしかった」というのは低めになっているので，おいしさというのは代替タンパク質の普及にとって非常に重要だというのが分かります。

　そのため，植物肉，代替肉全体のイメージもそうかもしれませんが，体に良い・良さそうというイメージを持っていて，ただ，現状そういうものをわざわざ食べる必要性を消費者は今のところ感じていない，食べておいしければまた

—230—

食べたくなると思います。

　また，植物性の代替肉でよく話されるのは，肉のまねをすればいいのかという問題です。肉に寄せていくだけがゴールですかという話をよく不二製油の方々と話したりします。そのすごく良い関係の一つはカニとカニカマではないのかなと個人的に思っています。恐らくカニが食べたいが，代わりにカニカマを食べるという人はほとんどいなくて，恐らくカニカマが食べたくて購入している人がほとんどではないかと思います。

　しかし，カニカマの開発の歴史をひもとけば，当然カニに寄せようとして最初は作ったのですが，技術的に完全に寄せることができず，それがあえてカニカマの特徴につながっていったという背景があると思います。さらにカニカマは，カニの風味や食感をカニ以上に強調していたり，カニにはない要素をあえてそぎ落としたりという，客観的に見るとカニをすごくデフォルメしたような食品がカニカマです。恐らく植物肉も最初は既存の牛肉などをまねていくと思うのですが，いずれ家畜の肉を超えるようなものが植物肉でできると，カニとカニカマのような関係になると思っています。

オ　新規開発食品と食の価値観

　最後に，新しい食品と食の価値観という，これもちょっとぼやっとした話です。

　フードテックという新しい食の技術が湧き起こってきた背景を考えたときに，分かりやすいのは人口増加や環境保全などです。しかし，それだけが決してフードテック勃興の背景ではなく，働き手の人手不足や効率化を目指すという動きであったり，この分野にベンチャー投資，金融業界の後押しがものすごく入っているという点もあると思います。

　どちらかといえば，**図9**の白線の上の部分は社会的・経済的・環境的な要因が大きく，当然最終的には個々人にメリットはあるのですが，直接的なメリットとして感じにくいものであると思います。下に書いてある健康意識の増加やヴィーガン，ベジタリアン，宗教食への対応，消費者の利便性・簡便化のサポー

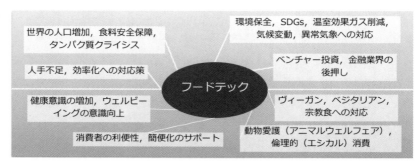

図9　フードテック勃興の背景

ト，いろいろな思想，動物愛護，倫理的な消費という点は，消費者にわかりやすい直接的なメリットはもちろんあるのですが，何となく下の個人に対するメリットの説明はされていないというか，後回しにされているような印象があります。

　特にこのフードテックという言葉を聞いたときに，どちらかといえばテックというところに関心が集まるのですが，結局は私たちが食べる食べ物でもあるので，ちゃんと食べ物として消費者に寄り添っているものなのかというのは，個々のフードテックの事例を見るたびに感じるところです。

　消費者の新しい代替タンパク質の受容に関して，ここ数年，特に海外等で多くの論文が出されて，受容にどんな要因が関わっているのかについて広く知られるようになってきています。例えば新規の代替タンパク質の中で植物ベースの代替タンパク質は，他の動物ベース，培養肉や昆虫食と比べて受容性が高いという結果が海外で出ていますし，受容の推進力はいろいろある中で，やはり味と健康や，その食に対する親しみやすさ，態度（感じ方），心理学でいう食物新奇性恐怖，社会的な規範などが影響していて，代替タンパク質ごとにも推進力はそれぞれ違うということも示されています（**図10**）。

　新しい代替タンパク質を食べるときに，環境にいい，環境保護につながるという要因は総じて低いようで，環境大国といわれるドイツあたりでも環境要因で買う人は少ないということが論文でも書かれています。もちろんこれは国に

植物ベースの代替タンパク質の受容は，動物ベースよりも高い。
受容の推進力は，味と健康，親しみやすさ，態度（感じ方），新奇性恐怖，社会的規範など
（代替タンパク質によって異なる）。環境要因は，総じて弱い。

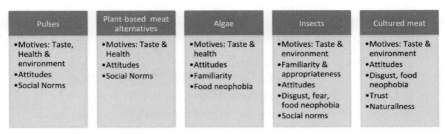

M. C. Onwezen et al., Appetite, 159:105058 (2021).

図10　消費者の代替タンパク質受容の推進要因

　よって，まさに食文化によって違うでしょうし，年齢によっても，恐らく教育
や経済格差によっても受容の要因は大きく変わるものと感じています。
　食の価値観は，国だけではなくて個人の中でもものすごく多様なものである
と思われます。当然おいしさや栄養は多くの方が食の価値観として重要視され
ているかと思いますが，それだけではなくて，安らぎとか高級感，プレミア感
など，いろいろな要因を私たちは１人の中にたくさん併せ持っているので，よ
く十人十色と言われますが，１人の中に価値観が多様にあり，あと朝昼晩とい
う三つの食事の中でも，例えば朝は定番の食を食べるが昼はバリエーションの
ある食が食べたいみたいな，同じ人の中でも価値観がすごく混在していて，一
人十色といった状態であると感じています（**図11**）。
　食の受容を網羅的に知る必要があるかと感じています。民俗学者の石毛直道
さんが「食の文化マップ」という有名な表を作っていますが，横軸が食の生産
から消費というフードシステムで，縦軸の下が社会科学，上が自然科学という
感じで，各学問をそこにマッピング（地図作成）しており，消費側，右側の全
体にいろいろな学問がちりばめられています（**図12**）。そのため，いわゆる理系
の医学や脳科学，生理学などの分野だけではなくて，民俗学や考古学などを含
めて食の受容，特に新しい食品タンパク質がどのように社会受容されているの

現代人は，さまざまな食の価値観をまとっている（十人十色 → 一人十色）。
変動要因を考えながら，食の価値の本質に迫りたい。

図11　消費者の代替タンパク質受容の推進要因

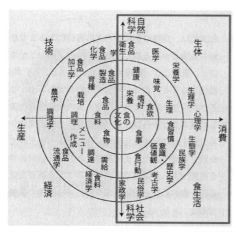

石毛直道「食の文化マップ」

「自然科学⇔社会科学」と「生産⇔消費」でマッピングすると食べることに関する学問は実にたくさん存在する。

各新規開発食品の社会的受容を，特に「マップ」の消費側の学問から網羅的に考えることで，食の受容性に関する要因や法則性を明らかにしていきたい。

石毛直道自選著作集第 2 巻「食文化研究の視野」（ドメス出版）

図12　「食の社会受容学」の創世

かを，学問を網羅的に考えていく必要があるのではないかと考えています。

質疑応答・討論

春見　消費者というか人間の側の嗜好の変化というか，例えば肉がこれだけ普及したのも，すごいおいしい肉だなというのがありました。それから，例え

ば食べだしたらやめられないというような食品がいくつかあります。

　それはそんなに主要なものではないかもしれませんが，結構普及して，特に若い人などはかなり食べているという実態があって，脳の働き，報酬系という，脳に働き掛けてやめられなくなるといったものが時々あります。そういったものは，嗜好の側の変化というか，進化というように捉えたらいいのか，そういったところに例えば新規食品がうまくはまると，ぐっと伸びたりするのかなと思います。

　人の側の消費，嗜好の変化・進化を今後どのように取り込んでいったらいいのか，お考えがありましたら，お聞かせください。

石川　よりおいしくする動きは本当に激しくて，多分一番それを計算してやっているのがファストフードだろうという気がします。例えば培養肉も，いずれ栄養成分を変えられるようになって，油の量やうまみ成分などもコントロールできるようになると，より人が病みつきになるところを狙って作っていくだろうと感じます。果たしてそれが人類全体で見て幸福なのかというと，もやもやとした倫理的な問題も感じて，倫理科学者の方とも今いろいろとコラボレーションしているのですが，培養肉の話をすると必ず巨大企業が牛耳って人の嗜好を分析して，より病みつきになるようなものをどんどん作ってずっと買わせるみたいな話を倫理系の先生はされるので，本来はそこまで含めて議論した方がいいという気がします。ただ，そこまでやると逆に何も話が進まないような気もするので，非常にもやもやとしたものを抱えながら落とし所を考えているところです。

春見　アンケートの中で，環境問題やタンパク危機は，消費者には意外と響いていないということですよね。これは，例えば今COP27（国連気候変動枠組条約第27回締約国会議）でやっているように，このままでいくと地球は危ないと言いながらも，誰もそれを実感しないというか，頭の中では理解していても，やはり普通の生活を維持したいと。そういうところと非常に似通っていると思うのですが，例えば質問の中に，もし食べられなくなったときどうしますかと。ウクライナの紛争で，資源だってエネルギーだってそんなにこれから自由に

入ってくるか分からないという状況の中であなたはどうしますかといったときには，ちょっと回答も変わってくるような気がするのです。今はいくらでもあるので，わざわざ食べる必要はないというのが当然出てくると思うのですが，そのちょっと先のことまで質問項目に入れると，どうなのでしょうか。

石川　やはり食料危機というのが目の前に見えないので，ぴんとこないというのが正直なのだろうという気はします。ただ，やはり日本だと災害大国なので，地震とか津波とかでいつ食べ物がなくなるかを考えると，割と食料危機は想像できなくはないのかなと思います。しかし，その反面，そういう食べ物がなくなる状況はつらい状況なので，基本，人は考えたくない，ふたをしておきたいという心境もあるので，そこを消費者に対して例えば環境意識，将来地球が危なくなるから考えなさいと強く言えば言うほど心を閉ざしてしまう感じもしますので，啓蒙の仕方も含めて考えていかなければいけない問題という気がしています。

座長　ご説明のあった日本における培養肉に対するアンケートで，培養肉は世界の食料危機を解決する可能性があるということに対しては，日本人は「強く賛成する」と「どちらかといえば賛成する」が50％を超えているのです。「強く反対する」と「どちらかといえば反対である」は，合わせても６％しかない。だから，最初にどういう情報を与えたかによって，答えは違ってきています。だから，こういう形で啓蒙していくことがやはり重要なのではないかという感じはします。

古在　「新規開発食品を進化心理学で考える」というところで，マイケル・ポーランさんの本の紹介で，「新規開発食品に抵抗感を感じるのは，私たちが雑食動物であるが故」。これはどういう理由なのか説明していただけますか。

石川　いろいろなものを食べる動物は，やはりリスクのあるものを食べてしまう可能性があると思います。特に新しいもの，食べたことのないものを食べたときに，食中毒みたいなことを起こす可能性がゼロではないので，そういうものに対して，私たち人類の祖先たちは警戒する心理を持ってきたものが生き延びてきたのではないかと。そういうのが食物新奇性恐怖，新しいものに対す

る抵抗感です。

古在　理屈としては，人間が雑食動物なので，何か新しいものが来てもこちらで間に合わせておけばいいやとか，そういう心理が働くということなのですか。

石川　そうですね。食べ慣れているものであれば，体調が悪くなっていなければ一応安全だということが感覚的に分かるのだと思います。それに対して，やはり初めて食べるような見知らぬものだと，食中毒，体調が悪くなる可能性があるというリスクを少なからず感じるのだと思います。

古在　雑食動物だったら何でも食べ慣れているから受け入れる受容範囲が多いような気がしたのですが，そうでもないのですね。

石川　一番最初に新しい食に対峙するときの場合に心理的な影響は少なくないかと思います。食べ慣れればなじみのものになると思うので抵抗感は薄まりますが，もし食べたことのないものに抵抗感を感じるという心理がなければ，私たちの祖先はどんどん新しいものを食べて死んでいったのではないかと思います。

諸岡　食物への新奇性恐怖と嗜好を模式的に示されたバランサー（天秤）の図についてお伺いします。培養肉とアジアという用語でネットで検索すると，シンガポールとイスラエルの国名がほぼ間違いなく出てきます。私はずっと海外でそうした国を見てきた経験から，イスラエルが培養肉へ向けた厳格な食への制約をよくクリアできたと不思議に思えます。ユダヤ聖典を引き合いに出すまでもなくとても食材にうるさいお国柄で，コーシャー料理で知られるこの国でも培養肉生産の産業化が進んでいる。バランサーでいうと，左の方の食に慎重な代表的な国で変化が起きているように映ります。他方で右手の新奇性嗜好の国はシンガポールと見てよいでしょう。あの国の国民性は，新しいものにすぐ飛び付くキアスという進取の気性でよく知られています。国内農業の生産基盤が薄いという事情も培養肉の産業化に強く働いているようです。

　これからの培養肉の動きは，肉食文化で先輩格の欧米の動向を見ながら，片方でこれら二つの国のありさまが参考の比較指標になるように私には思えます。イスラエルで培養肉の開発研究に対してゴーサインに近いものが出たこと

は，他の国の食慣行にも思いのほか早く波及していくように感じます。いくつかの国に目を配り，これからの新規食料の動静を国民性のような視点から見てみようと思いますが，石川先生はどう思われますか。

石川　何となくこの図の天秤の食物新奇性恐怖と食物新奇性嗜好というのは，個々人の中のバランスというイメージを持っていたのですが，ひょっとしたら国民性みたいなものも大きく関わっていて，シンガポールとかイスラエルとか，ひょっとしたら新しい方に振り切って右側の方が重いような感じもするので，そこはやはり国民性というか食文化みたいなところもあるでしょうし，あと国自体が自国での食料供給に危機意識を持っているので，新しい食産業を興そうという投資も産官学でやっているという社会的な背景もあるのかなという気はします。国民的な意識でこのバランスがまず違うというのは，非常に興味深いご指摘だなと思いました。

諸岡　先生の著書『「食べること」の進化史』と『「食」の未来で何が起きているのか』を読ませてもらいました。後者の著書で，食をめぐる新たな動きに加え，スマート化された農業の生産場面にも章を割かれており，生産経済学を学んだ私はとても親近感を持ちました。私は半世紀ほど前に当時動き始めていた緑の革命に関心を持ち，フィリピンの国際稲研究所で，食料増産に関わる農業技術の移転や伝播の実情を見てきました。ひとくくりで言いますと，短期的には顕著な効果が出たし，革新技術の効用で潤った国もたくさんありますが，そうでない国もありました。例えば緑の革命のお膝元だったフィリピンは，今や世界で最大の米輸入国になっています。背景で起きた人口の急増や政策の大きな転換，かんがい投資等への逼迫した財政事情など，その後の生産・消費環境の変化が効いたようです。長い目で見ると新技術の受容性は相当に変わっていくようで，継続的な観察の大事さを今も感じています。

　そうこうで私は調査地を決め定点観察をずっと続けていますが，新規食品についてもそういうアプローチが必要かもしれません。ただ生産の技術が普通の農業とまるで違うこと，またまだ食料としての規制もあり上市に至っていないこと，その培養肉の生産現状では時期尚早ですが，物珍しい段階はともかく消

費場面での顧客の好みが移ろいやすいという課題もあります。多彩な販路を考えると，消費の場面については特に期間を置いた長い観察が重要に思えます。先生の著作に述べられている生産技術が異なる新規食料の，その生産から消費につながる目配りの大事さを改めて感じました。これは著作を拝読した読後感の一端です。

石川　ありがとうございます。やはり短期的な視点でなく長期的に見ていかないといけないかなと改めて思いました。30年できるかどうか分かりませんが，先生のように頑張りたいと思います。

座長　長期的に考えた場合に，緑の革命はハイインプット・ハイリターン（高い投入で高い収益を得ること）の失敗だろうと思いますが，食品については完全に消費者の好みですから，国家的な事業とはまたちょっと違うところがあるかもしれません。

　私はこのドーキンスのユニバーサルダーウィニズムがあまり良くないのではないかと思っています。つまり，例えばこれを出すと，実際に心理学とか経済学とか，いろいろなところで進化なんとか学と言うようになってきていますが，ダーウィニズムは「進化は進歩や発展を意味しない」ということですが，進化というと，先ほどからお話しされた内容でも，全くこのことからこちらの方に100％切り替わってしまう。私は100年たっても200年たっても変わらないのではないかという考え。例えば恐竜は絶滅しましたが，小さな恐竜はちゃんと鳥類として生き残っているわけです。それから，昔の姿のものが深い深海の中に生き残っていたりします。

　私は50年後の日本を考えた場合に，今日お話しいただいたいろいろなデータからしても，伝統的なものと新規食材と両方あるのではないかと。環境問題を考えたり，「これは結構おいしいではないか」と新規を好む人と新規を好まない人，これはやはりずっと続くのではないかなという気がするのです。だから，オール・オア・ナン（全か無か）ではないのだろうと。特に食に関して，これまでもそうですし，このダーウィニズムというかネオダーウィニズムを唱える人は，何となくオール・オア・ナンでものを考えているような気がしますが，

実はそうではないのではないかという感想を持っていますが，いかがでしょうか。

石川 ユニバーサルダーウィニズムが科学的かどうかというのは私もすごく感じているところで，進化心理学みたいな分野もやはり証明しようと言われています。進化的にそうだというのはすごく聞く側を納得させやすい言葉なので，取り扱いを気をつけないと私も思っており，やはり誤解を生みやすい側面はあるかと思います。

　また，後半のお話はまさにそうで，いろいろな道があって，現状の食の延長もあるし，新しいものも出てくるし，それが入り混じりながらいろいろなバリエーションのある食になるのが何となく理想的だという気はします。ある一つの食が全部を占めるみたいな未来像は報告書にもちろん書かないと思うのですが，多様性のある食の未来で，現状維持もあるし新しいものも一部代替するような，表現としてははっきりしない形の表現がむしろ良いかなと思いました。

座長 今は世界のあちこちでいろいろ強権国家が生まれていますが，そこで環境問題からこれしか食べてはいけないとか，そういうことを言わない限り，民主主義の下での食というのはもう，先生の一番最後のスライドがまさに正解なのではないかと思うのです。民主主義の国の中に生きている，さまざまな食の価値観を現代人は，十人十色であり，なおかつ一人十色でいくのではないかなという気がしてならないのです。

石川 援護射撃を頂いてありがたいと思います。やはりいろいろな方と話すと，食の価値観がものすごく広くて，同じ食べ物の話をしているのに実はそれぞれの重要視しているところが全然違うというのがあります。そのため，決して個人個人の食の価値観を下げてはならない，尊重したいという意識はあるため，一人十色的なところを容認するような社会になればいいなと常々思っています。

東條 牛肉の消費が江戸時代から明治に変わってきたというお話を大変興味深く拝聴しました。食文化が変わっていくスピードはどうなのでしょう。日本の牛肉消費への変化のスピードは非常に速かったと思います。ネズミは食べな

いという話がありましたが，アジアの確かネパールとかでは大きなネズミを食用にしているという話も聞きます。もし，そういった文化が変わるとか，あるいは日本に入ってくるとかなるのは相当時間がかかるのかなと思ったり，国によっても食文化の変化のスピードはいろいろ違うし，ネズミの例は出しましたが，ものによっても違うのかなと思いました。

　お聞きしたいのは，食文化なり嗜好なりの変化をどういうスピードで考えたらいいのか。例えば培養肉なり昆虫食は注目されているが，その受け入れのスピードはどのぐらいの期間で変わっていくのか。そのとき国の政策はどういうふうに影響してくるのか。遺伝子組み換えなどは，もう既に受け入れている人もありますが，新しい食品に対する忌避感が強いのはずっと続いているのでしょうか。

石川　新しい食の受容のスピードというご質問かなと思うのですが，ものによるかと思います。例えばカニカマの例で言いますと，発売されてから消費が伸びるまで10年ぐらいかかっていて，最初は売れる量は本当に微々たるもので，そこからいろいろバリエーションができ，サラダにトッピングできるとか，あと海外でも受容されていったという流れがあります。カニカマでも10年ぐらいかかったので，恐らく，よりテック（技術）が入っているような食べ物は，それ以上の時間がかかるのかなと思います。

　どんなものであっても新しいものは拒絶する一定層というのは，培養肉の例でも，何の理由があっても食べないという人が3分の1から4分の1ぐらいいるため，やはり保守的な食べない人はずっと死ぬまで食べないという気がしていて，むしろ世代が変わることによって人の入れ替わりがないと新しいものを食べていかないよう気もします。そのため，本当に20年とか30年スパン（時間幅）で新しいものの受容は見ていかないといけないのかなと。明日から突然昆虫を食べるような未来は当然見えないため，長くかかるというのが大前提ではないのかなとは考えています。

東條　そうすると，例えばカニからカニカマに変化したというよりは，カニもあるしカニカマもあるということで，バラエティが増えていくような方向に行

くというように捉えてよろしいのでしょうか。

石川 消費者の中でも，従来の家畜の肉を100％買っていたのが，10回に1回ぐらい植物性の肉とか培養肉をたまに食べ始めて，そういう層がどんどん増えていって，次第に若い層はむしろ植物性のものの方が好きというのが増えていくという，グラデーションのある受容のされ方になっていくのではないかと思っています。

古在 先ほどの新奇性に恐怖を感じる人と嗜好というか興味を持つ人で，培養肉みたいに今まで世の中に存在しなかった食べ物が出てきて，それに対する恐怖と好奇心を持つ人と，今まで世界のどこかには存在していたものの知らなかったというものに対する恐怖と親近感は，共通するものなのか，別に考えた方がいいのでしょうか。

石川 昆虫食であれば，どこかで食べていた，どこかで食文化があったという前提はあると思うのですが，培養肉は食文化すらないものなので，別物のような感じはします。食文化のあるなしというのは，受容に関してはやはり大きい要因だと思います。

古在 あまり科学的な話ではないですが，この前，私と同じ年代の人と話していたら，孫が納豆にジャムを入れることを発見して，それを気に入って友達に伝搬させているらしいです。そういう感覚というのは私たちの年代ではないわけです。納豆にジャムを入れたらどうなるのだろうと。ところが最近，子どもは料理をする数がすごく増えているらしいです。小学生ぐらいになったらもう立派な料理人。その人たちが次から次へと新しいことを考えてきて。

他の人は「スイーツの世界がそうなのだ」と。スイーツというと，僕のイメージをはるかに超えたスイーツがどんどん出てきて，さらにそれが売れているそうです。メーカーとか政府とかとは別に，子ども自身が食べ物の嗜好を動かしていることはあるのでしょうか。

石川 若い世代は，特に環境への意識やSDGs（持続可能な開発目標）も学校で習っているので，やはり意識も違うでしょうし，新しいものへのチャレンジ精神も当然あると思うので，新しいものの普及はやはり若い世代からかなと感

じます。そこへのPRが一番重要だというのは，多分メーカーも感じていると
ころではないかと思います。そのため，若い世代への訴求が今後より重要だと
感じています。

〈大日本農会叢書　10〉
新たな食用タンパク質の可能性

令和 5 年 4 月発行

編集・発行　公益社団法人　大 日 本 農 会

〒100-0011　東京都千代田区内幸町 1 - 2 - 1
日土地内幸町ビル 2 階
電 話：03 - 3584 - 6739
FAX：03 - 3528 - 8140
http://www.dainihon-noukai.or.jp
定価　本体1,000円 + 税
印刷・製本　株式会社　丸井工文社

ISBN978-4-9913052-0-7